微动作
心理学

Mental Activity

周乐 编著

辽海出版社

图书在版编目（CIP）数据

微动作心理学/周乐编著. — 沈阳：辽海出版社，2017.10

ISBN 978-7-5451-4438-3

Ⅰ.①微… Ⅱ.①周… Ⅲ.①动作心理学—通俗读物 Ⅳ.① B84-069

中国版本图书馆 CIP 数据核字（2017）第 249657 号

微动作心理学

责任编辑：柳海松
责任校对：顾　季
装帧设计：廖　海
开　　本：690mm×960mm　1/16
印　　张：14
字　　数：181 千字
出版时间：2018 年 3 月第 1 版
印刷时间：2018 年 3 月第 1 次印刷

出版者：辽海出版社
印刷者：北京一鑫印务有限责任公司

ISBN 978-7-5451-4438-3　　　　定　价：68.00 元
版权所有　翻印必究

序言

社会是一个大舞台，处在社会中的你扮演着方方面面的角色。在家庭中也许你是孩子的父母，也许你为人子女；在家庭以外也许你是他/她的恋人，也许是他/她的朋友，抑或是公司的领导或下属、同行的竞争对手等等。在错综复杂的人际关系中，你都不可避免地要与别人打交道。

那么，在日常的生活和工作中，你是否曾因为无法说服别人而懊恼？你是否曾被别人牵着鼻子走而浑然不知？面对公司纷繁复杂的人际关系，你是否束手无策，经常唏嘘为什么有些人的心机那么深，为什么有些人那么有手腕？面对这些情况，你甘心始终陷入被动的局面吗？

这个时候，你需要了解他人的想法，这个时候，你需要懂得微反应心理学。

有的人，可能因为知识的积累、阅历的丰富、能力的突出等因素，可以在任何情况下都做到从容不迫，有时候明明很讨厌一个人却能够表现得很喜欢他。这些人都是演戏"高手"，即使"装"也会"装"得天衣无缝，然而，他们却忽略了一点：他们无法掌控自己的微反应。换句话说，"装"是"装"不出微反应的。因为微反应是人类经过长期进化遗传和继承下来的，是人类很自然的本能反应，它不会受到个人思想的操控，因此，它是最能体现人们内心想法的。再出色的"演戏"高手，再能"装"的人，当遇到某种刺激之后瞬间都会有微反应，他的演技只能排在微反应之后。所以，想了解一个人内心最真实想法的有效手段，就是阅读他的微反应。当你阅读到了他的微反应，那么，他之后的一系列"表演"就只是徒劳而已，因为真相已经被你看穿了。

与市场上的同类书相比，本书的不同之处在于，它为读者找到了一条作为人无法躲避的微反应的有效线索。

除了微反应，本书还为读者介绍了微表情和人们言语中所透露出来的信息。从人们面部表情的细微变化，到人们身体上的细微的小动作，再到人们谈吐所表露的信息。它们会帮助读者建立一个甄别对方是否表里如一的立体框架，从而让读者的判断能够更加准确。

日常生活中，我们之所以会遇到序言开始所提及的那些情况，是因为我们不知道他人内心的真实想法，容易被他人的语言误导，被他人装出来的表情和行为蒙蔽了我们的眼睛，欺骗了我们的内心。通过关注和分析他人的微反应正好可以让我们拥有了解他人内心的"金钥匙"，让我们能够通过反应看本质，从而捕捉到他人的真实目的，使自己赢得博弈的最终胜利。

目录

上篇　微反应心理学理论篇

第一章　"外貌协会"的第一印象 ……………………… 2

开开合合——嘴巴的奥秘 ………………………………… 2
心中所"想"，面上所"相" …………………………… 4
眼神所至，心之所向 ……………………………………… 8
表情，内心世界的反映 ………………………………… 12
视线所指，心"向往"之 ……………………………… 14

第二章　姿势与性格，千丝万缕的联系 ……………… 20

从坐姿中揭示性格的奥秘 ……………………………… 20
"走"出来的本性 ………………………………………… 26
从站姿中解读你的性格密码 …………………………… 30
教你解读睡姿密码 ……………………………………… 31
你可以这样解读腰部密码 ……………………………… 34
腿部密码全揭秘 ………………………………………… 35

第三章　种种手势，种种心得 ………………………… 38

手指有长短，寓意皆不同 ……………………………… 38
指尖上的心理，你看明白了吗 ………………………… 41

自信，你的手势与众不同 …………………………… 43
　　搓手的心理，依"角色"而定 …………………………… 44
　　手掌所透露出的信息 …………………………………… 46
　　握手，信息量很大 ……………………………………… 48

第四章　察言，言为心声 …………………………………… 54

　　口头禅的个人特色 ……………………………………… 54
　　从话题分析，八九不离十 ……………………………… 56
　　通过说话方式来识人，真实可信 ……………………… 57
　　主持会议的方式，与性格密不可分 …………………… 59
　　不同的幽默用法，揭示了不同的性格 ………………… 61
　　说话的韵律，揭示了说话的人 ………………………… 63
　　谈话的特征揭示了信心的有无 ………………………… 64
　　辨析言语，认识德才 …………………………………… 69

第五章　别对我说谎，我懂微反应心理学 ………………… 72

　　撒谎时瞳孔的反应 ……………………………………… 72
　　撒谎时眼神的反应 ……………………………………… 73
　　经常撒谎，经常摸鼻子 ………………………………… 74
　　抓耳挠腮，他一定紧张 ………………………………… 75
　　细节告诉你，他是否在撒谎 …………………………… 76
　　撒谎的言辞特征 ………………………………………… 79
　　说谎者的自我掩饰 ……………………………………… 81
　　说谎者的典型行为 ……………………………………… 82
　　真相就在你的细微观察之中 …………………………… 83

第六章　有趣的心理测试，测测自己的心理 ……………… 85

　　一系列爱情心理测试题 ………………………………… 85

你是哪种魔鬼 ……………………………………… 98
测测你会多久厌倦一个人 ………………………… 102
从发短信看你的致命弱点 ………………………… 104
著名心理测试 …………………………………… 108

下篇　微反应心理学实践篇

第七章　举手投足间，性格自然知 …………… 114
日常性动作的个性色彩 …………………………… 114
"刷"出来的性格 ………………………………… 119
"洗"出来的性格 ………………………………… 121
"吃"出来的性格 ………………………………… 123
开车"开"出来的性格 …………………………… 124
其他生活习惯的性格密码 ………………………… 128
烹饪"烹"出来的性格 …………………………… 130

第八章　物以类聚，人以"衣"分 …………… 132
不同的衣着代表着不同的想法 …………………… 132
颜色不同，心理也不同 …………………………… 136
穿衣的风格，情趣的代表 ………………………… 138
一件T恤一群人 …………………………………… 144
帽子中的性格特色 ………………………………… 145
从领带看行事原则 ………………………………… 148
淡妆浓抹女人心 …………………………………… 151
提包中的大学问 …………………………………… 154

鞋与人 ··· 158
小饰物中的大信息 ····································· 159

第九章 如何交朋友，本章告诉你 ············· 163
弄清楚朋友的类型 ····································· 163
根据气质来认识朋友 ·································· 166
根据兴趣爱好来认识朋友 ····························· 169
朋友中的小人要识别 ·································· 182

第十章 如何辨别人才，本章告诉你 ············· 185
管理者看人的"三大原则" ·························· 185
学会"相人" ··· 191
笔迹中流露出的个性 ·································· 194
工作态度见人品 ······································· 197
像伯乐一样发掘"明星人才" ······················· 199
管理者用人的"十二条法则" ······················· 200

第十一章 职场中人，认清同事 ··················· 206
同事相处中的注意事项 ······························· 206
打电话方式的性格色彩 ······························· 207
办公桌上的性格密码 ·································· 208
看同事，需仔细 ······································· 210
面对同事的恭维要冷静 ······························· 211
处理信件折射出来的性格特征 ······················ 212
从接受表扬的态度看人 ······························· 214

上篇

微反应心理学理论篇

第一章 "外貌协会"的第一印象

在和别人交往的时候，我们对别人的第一印象往往是停留在外貌上。虽说"人不可貌相"，但实际上我们可以通过这个人的一些外貌特征来对这个人有一个初步的判断，进而可以作出是否和这个人交往的决定。"事事留心皆学问"，其实，我们可以从他人的一些外貌特点来看出他的性格。

开开合合——嘴巴的奥秘

有这样一个游戏——贴嘴巴，在不同的脸上贴上不同表情的眼睛和嘴巴，然后观察其中的新表情，不同的搭配当然有着不同的表情，可是同一双眼睛的表情搭配不同的嘴巴表情后，结果让人大吃一惊。以前总以为，眼睛是一个人情绪的全部表现，其实不然，嘴巴也是重要的情绪表现工具。

嘴巴有四种基本运动方式：张开闭合，向上向下，向前向后，抿紧放松，可以画出多种嘴角弧度，而不同的嘴角弧度也形成了不同的嘴部动作。而这些丰富的嘴部动作，也反映出了一个人的性格特征和心理态度。

嘴巴动作中最典型的是笑，这是人类最美丽的动作，也是最能观察对方情绪的一个动作。不同的人有着不同的笑法，嘴部的动态会有所差异。

首先，从笑的特点来分析一个人的性格。

（1）狂笑，嘴两端猛向上方翘。这类人精于社交，性情温和，能让对方感到亲切，具有冒险精神和积极的作风，乐于助人。这类人最适合做秘书工作，善于处理繁杂事务，越繁杂反而越觉得有趣。

（2）开口大笑，嘴两端呈平直。这类人的性格粗犷，不拘小节，行为大方。但缺乏一定的耐心，一遇到困难就知难而退，容易让人产生做事虎头蛇尾的误解。这种人可能会在经商方面有所建树。

（3）微笑，嘴两端稍下垂。这类人性格内向，不善言语，与人交流存在一定的困难，但注意细节，喜欢对对方的言语进行分析，唯一不足的就是做事时常半途而废，也因此难达愿望。但他们在手工艺、缝纫等技能方面很拿手，外语亦佳。

（4）眯眼笑，笑时嘴两端向下，几乎不开口。这类人的性格倔强固执，对周围人不够坦诚，有时明知其事但假装不知而不与人语，也往往因为这个而吃亏。性情还算和气，可一旦不悦即大发脾气。他们多才多艺，有理想、有抱负，但不愿与人合作行事，因此也就很难成功。

其次，从一般的嘴角弧度判断一个人的性格和内心世界。

（1）嘴抿成"一"字形的人，其性格坚强，是个实干家的形象，交给他的任务一般都能圆满地完成，并因此而得到上司的赏识，有较多的机会得到升迁和提拔。

（2）喜欢把嘴巴缩起的人，干活认真仔细，是个好帮手，但不适合做管理者，因为疑心病很重，不容易相信下属，往往有后院起火的危险。另外，这种人还容易封闭自己。

（3）嘴角稍稍有些向上，这种人头脑机灵，性格活泼外向，心胸也比较豁达，能与人很好地相处，很随和，是个标准的绅士。

（4）交谈时嘴唇的两端稍稍有些向后，表明他正在集中注意力倾听谈话，这种人意志不太坚定，容易受对方的影响，并且也有做事半途而废的危险。

（5）下嘴唇往前撇，表明他并不相信你所说的事是真实的，并且他还想立刻找到证据来反驳你的理论，直到你承认自己说的是假话为止。

（6）上下嘴唇一起往前噘的时候，表明此人可能正处在某种防御状态。

（7）嘴角老是向下撇，此种人性格固执、刻板，并且内向，不爱说话，很难被说服。

（8）咬嘴唇。在交谈时，用牙齿咬住下嘴唇或是上嘴唇以及双唇紧闭的人，说明他正用心地听另外一个人的讲话，也可能是在心里仔细地分析对方所说的话，然后跟自己做个对照，也可能是在认真地反省自己。

（9）说话时以手掩口。一般女性比较常见，此种人性格较内向、保守，甚至有点自闭，不敢过多暴露自己。如果对方是个陌生人，还表示对对方存有戒心，或者在自我掩饰。

（10）时常舔嘴唇。此种人很可能压抑着内心因兴奋或紧张所造成的波动，因此他们常口干舌燥地喝水或舔嘴唇。

心中所"想"，面上所"相"

人的面部动作是能够比较准确地反映一个人的内心世界的。

1.头部动作

将头部垂下呈低头的姿态，它的基本信息是"我在你面前压低我自己"，但是这种姿态并不仅限于地位低下的人。当同事或居上位者做此动作时，它的信息乃是以消极的方式表达"我不会只认定我自己"，然后变成这样的目标："我是友善的。"

头部突然高高抬起又回到原来的位置。这个动作的时机是刚刚遇见但还不十分接近的时候，它表示"我很惊讶会见到你"。在这儿，惊讶是关键性的要素，头部上扬代表吃惊的反应。

摇头本质上是否定信号。

把头猛力转向一侧，然后再回到原来的位置，这是单侧的摇头，同样传递"不"的信息。头部半转半倾斜向一侧是一项友善的表示，因为这种动作特别像是在与同路的人打招呼。

摇晃头部时，说话者正在说谎，而且试图压抑住要表示否定的摇头动作，但又不能彻底。

晃动头部，一般被用来表达特别惊讶的意思。其中隐含刚得知的消息是那么不寻常，以至于必须晃动头部才能确信不是做梦。

头部僵直，表示一个人特别有魄力而且无所畏惧，所以甚至什么东西在身侧摔破，都不屑一顾。或者是心里觉得无聊的表现。

颈部驱使头部从感兴趣之点往侧面方向移开，通常来讲，这是一种保护性的动作；或把脸部移开以回避对身体有威胁的事物，在特殊情况下，这个动作可借助掩饰脸部而隐藏自己的身份。

颈部驱使头部向前伸并朝向感兴趣的方向。这种动作传递的信息比较复杂，因为它既可以表达浓烈的爱，也可以表达深刻的恨。前一种情况是两个相爱的人，伸长脖子深情专注地凝视对方的眼睛；后一种情况则像两个冤家伸长脖子，探出头部以表示他们都瞧不起对方，而且瞪视对方如同洞察对方的眼睛；第三种情况则出现在某人渴望吸引你全部的注意力之时，因此他会把自己的脸探出来，以阻挡其他任何可能吸引你的东西。

头部从兴趣之源缩回，这是回避的动作。

猛地把头垂下然后隐藏脸部，也可用来表示谦卑与害羞。在心怀敌意的情况下，把头低下则具有截然不同的意义，其主要差异在于眼睛向前瞪视敌人，而不是随着脸部而下垂。

抬头是有意投入的行为。下属进入上司的办公室，站在上司面前，注意到上司正低着头在桌上写东西。如果他对眼前的人有畏怯之感，一般来说，他会站在那里无声无息地等候，直到上司把头抬起来看他，才开口讲话。

头部后仰，这是势利小人或非常自信之人鼻子朝天的姿态。当一个人把头向后仰的时候，其情绪变化包括：从沾沾自喜、桀骜不驯到自认优越而存心违抗。基本上，这种姿态是挑衅的仰视而不是温顺的仰视。

头部轻轻地歪在一边，这个动作源自幼时舒适的依偎——小孩把他的头依靠在父母的身上，当成年人（通常是女性）把头歪斜一侧时，此情此景就像倚在想象中的保护者身上一样。

头部低垂，一般来说，表明一个人对自己的内心非常厌倦。

2.嘴巴的动作

嘴巴的动作是表达感情的方式之一，而最显著的动作为笑。笑是最容易露出牙齿的动作，对动物可解释为威吓对方，但对人类而言则是代表亲切。在人类文化史上对"笑"有以下几种分类：微笑、大笑、狂笑、傻笑、含蓄地笑、苦笑、忍不住地笑等，能表达"笑"的语言很多。一般而言，有"笑"的场合，都能轻松地消除紧张气氛，较容易增加人与人之间的亲密度，促进活泼的气息，若有人在谈话场合露出笑脸，则更有助于人与人之间的和谐关系。另外，由资深推销员多年的经验可知：

（1）舔唇，表示友好（同意）；

（2）舌头在口腔内打转，表示不同意；

（3）嘴唇紧闭，下唇干燥时，表示不同意；

（4）压紧下唇，故作紧张状态，表示不同意；

（5）用力上下咬牙，使两颊肌肉颤动，面颊呈抽筋状，也表示不同意。

3.鼻子的动作

人的鼻子十分奇妙，许多文豪利用鼻子作为小说的题材，并不是没有原因的。翻开童话故事，国王是老鹰鼻，好好先生是朝天鼻，酒鬼定是酒糟鼻，由此可知鼻子是给他人印象的关键。在美容整形外科中，鼻子也是重要的美容项目之一。

在心理学方面把鼻子和手指作为一种关联，有下列的动作：

（1）把食指顶在鼻翼旁，表示怀疑；

（2）摸鼻子，表示不能接纳你、拒绝。

另一种说法是人紧张时，鼻黏膜还容易引起生理上的变化呢！

4.下巴的动作

下巴与四肢组合的姿势也有关，对动物而言，甲要威胁乙时，为了让乙认为它很庞大，就会将背弓起，此时下巴突出。如果防备他物攻击时，全身会收缩，下巴也一样会缩起。仔细观察或逗弄周遭的猫、狗，就可以知道了。

在各种场合注意对方下巴的角度：

（1）下巴抬高：此人十分骄傲、优越感、自尊心强，望向你时，常带否定性的眼光或敌意；

（2）下巴缩起：此人仔细，疑心病很重，容易闭塞自己，对他人发言的内容不易相信。

眼神所至，心之所向

孟子曰："存乎人者，莫良于眸子。眸子不能掩其恶。胸中正，则眸子瞭焉；胸中不正，则眸子眊焉。听其言也，观其眸子，人焉廋哉。"他认为通过观察人的眼神，可以知道人的善恶。

这并不是孟子在胡说，而是有一定的科学依据。医学研究发现：眼睛是大脑在眼眶里的延伸，眼球底部有三级神经元，如同大脑皮质细胞一样，具有分析综合能力。所以，眼睛在人的五类感觉器官中是最敏锐的，大概占感觉领域的70%以上。而瞳孔的变化、眼珠转动的速度和方向等活动，又直接受脑神经的支配，再加上眼皮的张合、眼与头部动作的配合等一系列动作，人的感情就自然而然地从眼睛中反映出来，而且它所流露出的信息甚至比言行更为真实。

看来，观察一个人的眼部动作比去调查一个人的背景还要来得直接、来得有用。

眼部表情的动作可以分为以下几种：

1.眼睛斜瞟

斜眼瞟人多发生在女性身上，如果她第一次和男性见面就用斜眼瞟男性，就是在说"挺喜欢你的，你也很帅，只是我很害羞，不敢正眼看你，但我又很想好好看看你，没办法，只有偷偷地看你了"。这个时候，你应该感到高兴，而不是生气人家不拿正眼看你。

2.眼睛上扬

眼睛上扬是一种假装无辜的表情，如果有人在讲你坏话，你做出这种表情，则是表明自己确实没有干过那种事，别人是在造谣生事。当然，眼睛上扬一般也配合耸肩膀的动作，多出现在外国朋友身上。

3.挤弄眼睛

向对方挤弄眼睛是一种默契的表现,就如同在说"我们干的事情天不知、地不知,只有你知我知";也有人在扮鬼脸的时候挤弄眼睛,为的是让自己的装扮更加逼真,能这样做的人一定是对你印象不错,或者就是喜欢你,特别是在小孩子身上,这种情况更为普遍。

4.眨巴眼睛

根据眨眼的频率,眨巴眼睛可以分为好几种:如果是面对着你快速眨巴眼睛,说明他是在暗示你:有的事可以说,有的事不能说,那是我们之间的秘密。如果是他一个人在快速眨巴眼睛,特别是脸部朝下时,说明他快哭了,情绪非常激动,这个时候,他需要你的安慰;如果眨巴眼睛的幅度比较大,速度也比较慢,那就是说他不相信眼前看到的一切,他需要睁大眼睛来看清楚是否自己刚才是看花眼了。

5.眼睛上吊

这种人心机极重,并且会为了自己的私欲夸大事实,但他们性格消极,有着一定的自卑感,不敢正视对方。

6.眼睛下垂

这个动作是一个不友好的举动,有轻蔑对方之意,要不然就是不关心对方。这种动作的发出者一般个性冷静,极少有情感冲动的时候,但本质上只为自己设想,是个极其任性的人,一般不容易让他改变他的观点。

7.眼珠转动的速度和转动的方向

眼珠快速转动的人,第六感敏锐,反应快,能迅速地看透人心。这种人的性格特立独行,并且容易情绪化。相反,眼珠转动迟缓的人感觉迟钝，情绪起伏小，不易受他人观点的影响。

此外，眼珠转动的方向也有特定的意思。如眼珠向左上方运动，表示在回忆过去；眼珠向右上方运动，表示在想象以前没见过的事物；眼珠向左下方运动，表示心里在盘算；眼珠向右下方运动，表示正在感觉自己的身体；眼珠左或右平视，表示正在专心地听对方说话，并且想尽力弄懂对方所说的意思。

8.上视眼

这种人的眼睛只往上看，只看上级的脸色行事，奴性极强，上级点头，他从不摇头；上级说一，他从不说二，唯上级马首是瞻。他认为，只要抓住了上头，就会一通百通，相反，如果上头抓得不好，就等于是瞎子点灯——白费蜡。完全是一副"群众面前是老子，上级面前是孙子"的嘴脸。

9.下视眼

这种人眼睛只会往下看，目光短浅，没有很强的竞争欲，凡事只求过得去就行，一味地中庸。这种人生活比较悠闲，节奏感不强，但是性情温和，情绪几乎不会发生太大的变化。

10.偏视眼

有的人眼睛虽然是各居一方，但实际上只往一边看，对方在他眼中只会有缺点或者优点，对于工作，要么就只有成绩，要么就只有问题；看事情，只会辨别是好事还是坏事。缺少一点辩证法，不了解事情的两面性是同时存在的，好中有坏，坏中有好。这种人容易把问题看偏、看死、看错。

11.近视眼

这种人目光短浅，只看眼前，不考虑长远的利益；只注重自己的利益，而不考虑别人的利益；只看重个人的利益，不看重集体的利益。因为这些原因，他在为人处世上比较自我，不顾及别人的感受。

12.色盲眼

这种人容易戴着有色眼镜去看人和事物，不管青红皂白，只要是不符合自己的审美标准，就一味地反对、排斥。他们常把正确的认为是错误的，把错误过时的认为是正确的，这种人免不了要上当受骗，因此应该多学习现代科学文化，让自己对这个社会有一个正确而深入的了解。

13.瞳孔变化

不仅眼睛的转动方向和速度能透露人的心机，就是瞳孔的变化也能有这样的效果。如果你仔细观察就能发现：一个人感到愉快、欣赏、兴奋时，他的瞳孔就会扩大到平常的4~5倍；相反，若一个人生气、厌烦、心情消极的时候，他的瞳孔就会收缩得很小；瞳孔如果没有什么很大的变化，表示他对所看到的物体漠不关心或者感到无聊。

经过多年的科学研究，我们对自己的身体了解得越来越多，对这些身体特征的利用也就越来越多。著名导演斯坦尼斯拉夫斯基晚年时甚至要求演员在表演时把自己的动作姿势降低到最低限度，要求"几乎任何动作也没有，只有眼睛在动"。不仅如此，在现代影视制作方面，也体现了这种身体的特征，如一些抗日英雄故事片，当主人公被敌人逮捕时，那双瞪大的双眼，就是对敌人诱惑的一种无声的鄙视；相反，如果经过千辛万苦又回到了队伍中，那种温柔的眼神又有了另外的含义，影视制作人正是很好地利用了这些特点，让我们感到其所塑造的形象的真实性。

表情，内心世界的反映

大家都知道《三国演义》中有一个非常著名的计谋叫"空城计"，但你对其中诸葛亮和司马懿的暗中配合了解多少呢？

诸葛亮和司马懿，这对谋略上势均力敌的高手，一个在墙城之上，一个在墙城之下，用心机对峙着。诸葛亮知道司马懿一眼就能看穿他的虚张声势，但诸葛亮更知道司马家族和曹氏家族的冲突，倘若司马懿击败了自己，就破坏了三国鼎立之势，然而司马家族羽翼未丰，最后难逃鸟尽弓藏的下场。当年帮刘邦打天下的韩信最后不也落得这么一个下场吗？精于军事的司马懿当然知道这些。就因为有诸葛亮的存在，让司马懿有了丰满羽翼的机会，对付诸葛亮，曹丕还必须倚仗司马懿，如果没有了诸葛亮，曹丕就没了后顾之忧，不需攘外，安内是必然之举，那一刻，司马家族就没有了容身之地。因此，在平静的表面背后，两个对手心中波澜起伏，诸葛亮一生谨慎，判断司马懿不会下手，也才敢下这招看似冒险之棋。当司马懿的儿子提醒说，诸葛亮在使诈，城中必无伏兵，心知肚明的司马懿立即打断他的话，以"诸葛亮一生谨慎"的话搪塞过去了。机智的司马懿从诸葛亮平静的表情上领悟到，这是诸葛亮用谋略和他合唱的一出双簧戏，这出戏，若不是有大智慧的两个谋略高手，绝不可能唱得如此之好。

在人类的心理活动中，表情是最能反映情绪的动作，凭面部表情来推测和判断一个人的性格，大致上是有相当的准确性的。

一个人的表情是其内心活动的写照。透过表象窥探心灵的律动，把握情绪变化的尺度，了解感情互动的根源，表情就是传递这种信息的显示器。

当人们与他人交往时，无论是否面对面，都会下意识地表达各自的情绪，与此同时也注视着对方做出的各种表情，正是这个过程，使人们的社会交往变得复杂而又细腻深刻。

人的喜怒哀乐，是通过面部的活动来表达的。很少有人注意过人左右脸的变化并不是对称的，表情先是由左脸开始的。

透过他人的面部表情，你可以得到如下信息：

（1）表情反映心态。表情会因很多因素的不同而有差异，比如，性别、年龄、文化等等。但是，一般来说，单一的表情还是容易判断的，最难判断的是有几种表情同时出现在一张脸上。另外，一些外部因素也会给判断情绪带来困难。

使判断复杂化的因素包括：先前是否见过要判断的脸、综合背景环境线索、判断者的情绪状态、被判断者的面部特征、观察面部的具体方法。

表情是情绪的晴雨表，通过表情，可以观察到与我们交谈的人言语之外的反应。眉飞色舞、笑逐颜开，标志着谈话气氛非常融洽；怒目而视、左顾右盼，则说明谈话没有找到路子。

一些细微的表情变化，也可以提示我们对方是否对话题感兴趣，是否愿意继续下去。比如，眼神的朝向可以提示对方是在倾听、思考还是漠不关心，嘴唇紧闭提示对方要下决心，青筋暴露说明对方马上就要发怒，该采取应急的措施了。

（2）从表情推断人物性格。不同性格的人，在同一情绪下的表情可能不同：遇到高兴的事情时，开朗的人可能开怀大笑，腼腆的人则可能仅仅是抿嘴笑笑，而抑郁的人可能只露出一丝苦笑。

经常面带笑容、面部肌肉自然放松的人，他的心态一般比较稳定、平静、开朗；而经常愁眉苦脸、面部肌肉紧张的人，他的心态往往不太稳定，可能心胸狭窄、脾气暴躁。

由于面部表情由面部肌肉的活动形成，肌肉活动会在脸上形成各种表征，比如皱纹等。久而久之，这些表征就会刻记下来，成为永久的表情，这些永久的表情会向外界透漏出这个人性格方面的某些东西。

（3）表情能帮助人们在交谈时去伪存真。由于各种各样的原因，人们在进行言语交谈时并不一定完全说出自己的真实想法，这样一来，交际的质量就会大打折扣。这时候，表情可以帮助交际的双方正确理解对方的真实意图。

因为多数表情是生理性的，可以不受意志支配，当一个人想隐瞒真相时，就会使有声语言偏离真实的意图。但是，这时候表情就可能背叛他，把被有声语言掩盖的事实揭露出来。比如，当雇员对老板不满时，虽然嘴里说着得体的话，脸上却会露出不满的表情，或者至少是被掩盖的。

除了有声语言会掩盖真情之外，人们还会使用表情来掩盖真实的感受或意图。比如，有的人在谈论自称是让他快乐的事情时，脸上露着欣慰的笑。但如果他的感受是假的，很可能会有一种别的什么表情飞快地略过脸上，或者仅仅体现在眼睛里。

这种短暂的表情称为瞬间表情，它是被蓄意隐藏了的，但是，这种表情却随时会跳出来揭穿他的伪装。

视线所指，心"向往"之

除了眼神之外，透过人的视线，同样可以窥探出人的内心活动。视线的交流是沟通的前奏。人们在社会生活中，如果内心有什么欲望或情感，必然会表露在视线上。因此，FBI人员常常会透过他人的视线活动了解他人的心态动向，这对识人、阅人具有重要意义。

一个人的视线可以从不同角度来深入了解。其一，对方是否在看着自己，这是关键；其二，对方的视线是如何活动的。对方直盯着自己，或视线一接触就马上转开，其心理状态是迥然不同的；其三，视线的方向如何，也就是观察对方是否以正眼瞧着自己，或以斜眼瞪着自己；其四，视线的位置如何，即对方是由上往下看，还是由下往上看等；其五，视线的集中程度。是指观察对方是专心致志在看着自己，还是视线飘缈，不知究竟是在看什么地方等。这些表现所代表的意义是各不相同的。

在人际交往活动中，通过观察人的视线方向，可以了解以下信息内容：

1.当对方眼睛看远方时，表示对你的谈话不关心或在考虑别的事情

如果一个男人很有诚意地想对女友求婚，女友却常常将眼睛注视别的地方，表示她心中正在盘算别的事情，或许因为对结婚没有信心，也可能她另有对象，只是对他说不出口。出现这种情况，不妨用试探的口气问问她，是不是有一些其他的情况存在。

如果正在进行谈判，对方不时地看向远方，他同样是在心里盘算，如何将交易变得有利于他。

如果正在谈生意，对方不时地向远方看，要特别注意不要将大量货物出售给他，因为对方可能支付不了货款。如果对方是卖者，他所卖的货物可能是次品。总之，当你的交易对象出现这种视线的时候，你一定要小心提防。这时候，你可以毫不客气地问："你有什么烦恼的事情？"从对方口中探知原因。如果对方慌张地说："不！没有什么事……"这时，应当斩钉截铁地与他中断洽谈，可以对他说："以后再谈吧。"

所以，在与人的交流过程中，不要忽视那些眼睛望向远方的人，他们的眼睛望向了远方，其实他们的心也没在你说的事情上面，他们想得远了。

2.斜视的目光，表示拒绝、藐视或感兴趣的心理

人们聚集在一起时，常常可以看到斜视对方的目光。这种目光的特性，是表示拒绝、轻蔑、迷惑、藐视等心理。商场上的竞争对手或其他竞争者之间难免会正面交锋，互相之间经常会用这种蔑视的眼神看对方。

但是，斜而略含笑的眼神，有时也表示对对方怀有兴趣。尤其在初次见面的异性之间，经常能见到这种眼神，多出现在女方身上。如果你是一位男士，有一位不太熟悉的女孩子这么看你，那表示她对你感兴趣。遇到这种情况时，你应该鼓足勇气和她攀谈，略显轻蔑的眼神会变成最有兴致的眼神。

3.眼神发亮略带阴险时，表示对人不相信，处于戒备中

男女之间用这种眼神凝视时，表示双方敌视、憎恶；在初次见面的会谈中，也会接触到这种眼神；受到朋友或同事的误会，把被曲解的事实向对方解释说明时，对方往往也会出现这种眼神。

初次见面时，对方有这种眼神，表示在谈话中你使对方产生了某种不信任的警戒。如果觉得自己并无使对方产生这种心理的做法的话，那可能是对方从其他地方听到了一些你的事情，或由介绍者那里得到了某种先入为主的感情。

到朋友、同事那里去解释，他们可能会说："来干什么？现在还有脸到我这里……"此时，他们如果有疑惑、敌意、不信任的眼光，表明对方已完全误解了你，并存有戒心。一旦受到别人的误会，一定要诚恳解释，才能消除误解。

女性穿着太奢侈、打扮太耀眼的话，就容易受到别人的误会，可能感受到某种发亮且略带阴险的目光在注视着你。你应在言谈、礼貌方面加以注意，这样才不会招致别人的误会。

4.没有表情的眼神，表示心中有所不平或不满

有人认为，人与人之间互相没心怀不满或烦恼时，才会露出毫无表情的眼神，这种想法是错误的。人们沉思时的眼神各不相同，有的闭起眼睛，有的则呆滞地望远方，还有的则会露出毫无表情的眼神，一旦思维整理妥当或产生新的构思时，眼睛则显得很有神，或出现有规律的眨眼现象。这也是接着将要说话的信号。所以，交际中，面无表情不是好现象。

比方说，你若碰到一位朋友，你向对方说："我正巧到这附近，要不要一起去喝茶？"对方的眼睛表现出毫无表情的样子，说："很久不见，还好吗？"一时脸上充笑，马上又恢复无表情的眼神。此时的眼神表示对方内心不安，并且对现状不满。

情侣在闲谈时，如果突然发生别扭，女生说："我要回去。"站起来要走，眼神毫无表情。此时，她心中可能隐藏着不满与不平。

性格懦弱的人，一旦被不喜欢的人邀去做客，如果一开始能拒绝当然好，偏偏这种人难以说出回绝的话，只好跟在后面走，这时候他们会出现无表情的眼神。遇到这种情形，一定要问他："你什么地方不舒服吗？"表现出关怀之意。

在冲突者之间也往往出现这种情况，这时候千万不要介入他们之间的纷争。

5.视线对接瞬间，注视与移开的心理学研究

当女人不愿意把自己的内心体验传递给对方时，多半会产生凝视对方的行为。心理学家艾克斯等人曾做过人们对视的实验。实验结果表明，如果事先指示受测者"隐瞒真意"，那么在受测中注视对方的比率，男人会降低，女人则反而提高。男人在未接到指示的情况下，其谈话时间内有 66.8% 的时间在注视对方；但得到指示后，却只有 60.8% 的时间在注视对方。至于女人，在接受指示之后，居然能提高

到 69% 的时间在注视对方。因此，当在公开场所遇见女人注视自己过久的时候，不妨认为她可能心中隐藏着什么，要注意她言不由衷的真相。

对方是否在看着自己，亦即有无视线接触，说明对方是否对自己有好感或兴趣等。但是，如果对方不敢或是不肯直视你呢，那代表什么？

如果对方完全不看你，便是对你不感兴趣或无亲近感。想想看，当我们在路上行走时，发现陌生人一直盯着我们，必定会感到不安，甚至会觉得害怕。因为我们并不希望他们对我们感兴趣。

所以，不相识的人，彼此视线偶尔相交之后，便会立刻移开。这是由于，一个人被别人看久了，会觉得被看穿内心或被侵犯隐私权。

一般认为，初次见面时，先移开视线者，其性格较为主动。另外，在谈话中，认为一个人是否能站在上风，在最初的 30 秒即能决定。当视线接触时，先移开视线的人，就是胜利者。相反，因对方移开视线而耿耿于怀的人，就可能胡思乱想，以为对方嫌弃自己，或者与自己谈不来。因此，在无形中对对方的视线有了介意，而完全受对方的牵制了。

不过，同样是移开视线的行为，如果是在受人注意时才移开视线，那又另当别论了。一般而言，当我们心中愧疚或有所隐瞒时，就会产生这种现象。

一位名叫詹姆斯·薛农的建筑家，曾经画过一幅皱着眉头的眼睛抽象画，镶于大透明板上，然后悬挂在几家商店前，想借此减少偷窃行为。果然，在悬挂期间，偷窃率大大减少。虽然并不是真正的眼睛，但对那些做贼心虚的人来说，却构成了威胁，极力想避开该视线，以免有被盯着的感觉。因此，他们便不敢进商店内，即使走进商店里，也不敢行窃了。

在交往中，面对异性却只望上一眼便故意移开视线的人，大都是由于对对方有着强烈的兴趣。譬如，在火车上或公共汽车上，上来一位年轻貌美的女性，所有人的目光几乎都会集中在她身上，但年轻的男性往往会很快把脸扭向一旁。他们虽然也非常感兴趣，不过基于强烈的压抑作用而产生自制行为。假使兴趣欲望增大时，便会用斜视来偷看。这是由于想看清对方，却又不愿让对方知道自己的心思的缘故。

另外，行为学家亚宾·高曼通过研究认为：对异性瞄上一眼之后便闭上眼睛，即是一种"我相信你，不怕你"的体态语。所以，当看异性时，并不是把视线移开，而是闭上眼后，再翻眼望一望，如此反复，就是尊敬与信赖的表现。尤其当女性这样看男性的时候，便可认为有交往的可能。

还有一种不敢直视对方的情况。我们可以回顾一下自己在工作中，当上司与下属讨论问题的时候，上司的视线必定会由高处发出，而且会很自然地投射下来。反之，为人下属者，虽然自己并没有做出什么亏心事，但是，视线却经常由下而上，而且往往软弱无力，不断移开。这是由于职位高的人，总是希望对属下保持其威严的心理作用。但是，也有例外，这与地位的高低无关，就是内向的人容易移开视线。

美国的比较心理学家理查·科斯博士做过一个实验，让很腼腆的小孩与陌生的大人见面，来观测他们注视大人的时间长短。将大人眼睛蒙上和不蒙的情况相比较，发现小孩注视前者的时间居然为后者的三倍。

第二章　姿势与性格，千丝万缕的联系

姿势是人心灵的暗示。在日常生活中，人们的姿势各具特色，不一而足。每一种姿势，似乎是无意，而从这貌似无意中，却可以窥探出一个人的真实意思，掌握一个人心理上的动向，了解他的真实想法，洞察他的心理活动。

从坐姿中揭示性格的奥秘

每个人在坐着时都会呈现出不同的姿势，有的人喜欢跷着二郎腿，有的人喜欢双腿并拢，而有的人喜欢两脚交叠。真是各种各样，千奇百怪。那么，这不同的坐姿又反映了什么不同的心理呢？

1. 温顺型的坐姿

这种人坐着时喜欢将两腿和两脚跟儿紧紧地并拢，两手放于两膝盖上，端端正正。这种人一般性格内向，为人谦逊，对于自己的情感世界很封闭，哪怕与自己特别倾慕的爱人在一起，也听不到他们一句"火辣"的语言，更看不到一丝亲热的举动。这对于感情奔放的人来说，实在是难以忍受。

这种坐姿的人常常喜欢替别人着想,他们的很多朋友对此总是感动不已。正因为如此,他们虽然性格内向,但他们的朋友却不少。因为大家敬重他们的为人,正所谓"你敬人一尺,人敬你一丈"。

在工作上,这种人虽然行动不多,但却踏实认真,他们能够埋头为实现自己的梦想而努力。犹如他们的坐姿一样,他们不会去花天酒地,他们很珍惜自己用辛勤劳动换来的成果,他们坚信的原则是"一分耕耘,一分收获",也因此他们极端厌恶那种只知道夸夸其谈的人。在他们周围,想吃"白食"是不行的。

2.自信型的坐姿

这种人通常将左腿交叠在右腿上,双手交叉放在腿跟儿两侧。他们有较强的自信心,非常坚信自己对某件事情的看法。如果他们与别人发生争论,可能他们并没有在意与别人争论的内容。

他们的天资很好,总是能想尽一切办法并尽自己的最大努力去实现自己的理想。虽然也有"胜不骄,败不馁"的品性,但当他们完全沉醉在幸福之中时,也会有些得意忘形。

这种人很有才气,而且协调能力很强。在他们的生活圈子里,他们总是充当着领导的角色,而他们周围的人对此也都心甘情愿。

不过这种人有一个不好的习性,喜欢见异思迁,常常是"这山看着那山高"。

3.古板型的坐姿

坐着时两腿及两脚跟儿并拢靠在一起,双手交叉放于大腿两侧的人为人古板,从不愿接受别人的意见。有时候明知别人说的是对的,但他们仍然不肯低下自己的脑袋。让人感觉到这类人是不易接近的贵族,具有罗曼蒂克的气质。

这类人对无关紧要的事固执己见,不变通、倔强,并且表情呆板,在没下决心之前用行动来决定。这种人因为有纤细神经的关系，其优点是对文学、美术、艺术等兴致盎然，且对流行有敏锐的感觉。

这种人凡事都想做得尽善尽美，干的却又是一些可望而不可即的事情。他们爱夸夸其谈，而缺少求实的精神，所以，他们总是失败。虽然这种人为人执拗，不过他们大多富于想象，说不定他们只是经常走错路。如果他们在艺术领域里发挥自己的潜能，或许他们会做得更好。

对于爱情和婚姻，他们也都比较挑剔，人们会认为这种人考虑慎重，但事实不然。应该说是他们的性格决定了这一切，他们找对象是用自己构想的"模型"如"郑人买履"般寻觅，这肯定是不现实的做法。而一旦谈成恋爱，则大多数都倾向于"速战速决"，因为他们的理念是中国传统型的"早结婚，早生贵子，早享福"。

4.羞怯型的坐姿

把两膝盖并在一起，小腿随着脚跟儿分开呈一个"八"字样，两手掌相对，放于两膝盖中间的这种人特别害羞，多说一两句话就会脸红，他们最害怕的就是让他们出入社交场合。这类人感情非常细腻，但并不温柔，因此这种类型的人经常让他人觉得莫名其妙。

这种人可以做保守型的代表，他们的观点一般不会有太大的变化，他们对许多问题的看法或许在几十年前比较流行。在工作中，他们习惯于用过去成功的经验做依据，这本身并没有错，但在新世纪，因循守旧者肯定是要被这个社会淘汰掉的。不过他们对朋友的感情是相当真诚的，每当别人有求于他们的时候，只需打个电话他们就肯定会效劳。

他们的爱情观也受着传统思想的束缚，经常被家庭和社会的压力压得喘不过气来，而自己仍要遵循那传统的"东方美德"、"三从四德"等旧观念。

5.坚毅型的坐姿

这类人喜欢将大腿分开，两脚跟儿并拢，两手习惯于放在肚脐部位。

这种人有勇气，也有决断力。他们一旦决定了某件事情，就会立即去付诸行动。在爱情方面，他们一旦对某人产生好感，就会去积极主动地表明自己的意向。不过他们的独占欲望相当强，动不动就会干涉自己恋人的生活，时常遭到自己恋人的讨厌。

他们属于好战型的人，敢于不断追求新生事物，也敢于承担社会责任。这类充当领导的权威来源于他们的气魄。其实很多人并不真心地尊重他们，只是被他们那种无形的力量威慑而已。从另一个角度来说，他们不会成为处理人际关系的"老手"，当他们遇到比较棘手的人际关系问题时，多半只有求助于自己的老婆。但是，如果生活给他们带来什么压力的话，他们一定能够泰然处之。

6.放荡型的坐姿

这种人坐着时常常将两腿分开距离较宽，两手没有固定搁放处，这是一种开放的姿势。

这种人喜欢追求新奇，偶尔成为引导都市消费潮流的"先驱"。他们对于普通人做的事不会满足，总是想做一些其他人不能做的事，或许不如说他们喜欢标新立异更为确切。

这种人平常总是笑容可掬，最喜欢和人接触，而他们的人缘也确实很好。因为他们不在乎别人对他们的批评，这是其他人很难做到的。从这方面来说，他们很适合做一个社会活动家。

不过这类人的日常行为举止着实不敢让人恭维，或许很多这种类型的人还没有认识到他们的轻浮给家庭和个人带来的烦恼。这只能说明，他们还没有意识到。

7.冷漠型的坐姿

这种人通常将右腿交叠在左腿上,两小腿靠拢,双手交叉放在腿上。

这种人看起来非常和蔼可亲,似如菩萨,很容易让人接近。但事实却恰恰相反,别人找他谈话或办事,他一副爱答不理的举动让你不由得不反思"我是否花了眼?"你没有花眼,你的感觉很正确,他们不仅个性冷漠,而且性格中还有一种"狐狸作风"。对亲人、对朋友,他们总要炫耀他们那自以为是的各种心计,以致周围的人不得不把他们打入"心理不健全"的一类人。

这种人做事总是三心二意,并且还经常向人宣传他们的"一心二用"理论。自然,他们的品行更适合于在月球上生活。

8.悠闲型的坐姿

这种人半躺而坐,双手抱于脑后,一看就是一副怡然自得的样子。这种人性格随和,与任何人都相处得来,也善于控制自己的情绪,因此能得到大家的信赖。

他们的适应能力很强,对生活也充满朝气,干任何职业好像都能得心应手,加之他们的毅力也都不弱,往往都能达到某种程度的成功。这种人喜欢学习但不求甚解,可能他们要求的仅是"学习"而已。

他们的另一个特点是个性热情、挥金如土。如果让他们去买东西,很多时候他们是凭直觉的喜欢与否。对于钱财他们从来就是把它看作身外之物,"生不带来,死不带去",以至于他们时常不得不承受因处理钱财的鲁莽和不谨慎带来的苦果,尽管他们挣的钱并不少。

他们的爱情生活总体来说是较愉快的,虽然时不时会被点缀上一些小小的烦恼。这种人的雄辩能力也很强,但他们并不是在任何场合都会表现自己,这完全取决于他们当时面对的对象。

9.坐着时动作的变化

坐椅子的行为，也因人的不同而产生了各式各样的坐法。有的人是把全身猛然扔出似的坐下，有的人则慢慢坐下，也有些人小心翼翼地坐在椅子前部，还有些人将身体深深沉下似的坐着。此等行为，无不坦白地说出了各人不同的心理状态。那么，在身体言语术上，对以上行为作何解释呢？

当我们看见某人猛然坐下的行为，一定视其为不拘小节的样子，其实，完全出乎你所料的情形有很多。换句话说，在其所表现出的似乎极端随意的态度里，其实是在隐藏内心极大的不安。这是由于人具有不愿被对方识破自己真正心情的抑制心理，尤其面对初次见面之人，这一心理更加强烈。此种人坐下后，往往便表现出有些不安、心不在焉的态度，由此更可立即看出其心情。当然，知心朋友之间，则不能一概而论，而视为与其态度一致的心情表现。

那么，坐下之后怎么样呢？舒适而深深坐入椅内的人，可视为在向对方表现处于心理优势的行为。因为本来所谓坐的姿势，是人类活动上的不自然状态，坐着的人必然在潜意识中想着立即可以站起来的姿势。心理学上，称它为"觉醒水准"的高度状态。随着紧张的解除，该"觉醒水准"也会因而降低。因此腰部是逐渐向后拉动，变成身体靠在椅背上、两脚伸出的姿势。此并非发生何事，立即可以起立的姿势，这是认为跟对方不必过分紧张之人所采取的姿势。

可是，与此相对的，始终浅坐在椅子上的人，是无意识地表现着其比对方居于心理劣势，且欠缺精神上的安定感。因此，对于持这种姿势而坐的客人，如果同他谈论要事，或托办什么事，还为时过早，因为他还没有定下心来。

"走"出来的本性

不同的走路姿势表露着不同的信息,我们可以从这种信息中判断他人的本性。

1.发出"巨声"

一般人走路,不管走得快或慢,脚步声不至于大到令人回首的地步。而走路发出"巨声"的人,性格大致如下:

(1)心胸坦荡,为人诚实;

(2)精神散漫,优柔寡断;

(3)缺少管理金钱的能力,蓄财无方。

2.走路"蛇行"

"蛇行"是命相学上的术语,意思是说,走起路来有如蛇蠕动而行(腰板无力,身体左摇右摆),这一型的人的本性,大致如下:

(1)口是心非,很难使人信赖;

(2)工于心计,诈术很多,跟这种人打交道,必须万分谨慎,否则必定吃他的大亏;

(3)有流浪各处的命运,由于经常耍弄诡计,很可能犯案而入狱。

3.脚不着地的走姿

走起路来,脚不着地,显得轻浮无劲。这一型的人的本性,大致如下:

(1)做事不扎实,总是草草地了事;

(2)经常做出虎头蛇尾的事,使自己信用扫地;

（3）常有旦夕祸福，不测之变；

（4）家庭中常有纠纷。

4. 拖脚而行

这一型的人，命运之差，就像"拖脚步"时的沉重模样，终生难得安享清福。

根据命相学上的分析，有此习性的人，事业难成，如果不广为行善，就不会有好下场。

5. 碎步急走

走路慌慌张张，碎步而走的人，其本性大致如下：

（1）长相以贫苦模样居多，终生无凭，生活也不好，事业也不好，总是艰难不顺；

（2）经常身心交瘁，奔波不歇。

6. 拿东西时的走姿

拿着东西（公事皮包、袋子、手提箱之类）走路时，东西在上面，重心也随着往上面移动。

这时候的重心，越是在上面，运势也越差，相反，重心越是在下面，运势则越佳。

事业有成，经济充裕的人，拿着东西走路的时候，总是重心在下（不在中间，更不在上面）。

运势最差的人，拿着东西走路，定挟在腋下，急步行走，一副四面受敌，慌张而逃的模样。

7. 脚步轻快

走路时脚步轻快，一副悠闲自得的样子，这一型的人的性格，大致如下：

（1）身体健朗，充满活力；

（2）处事公正，绝不会以私害公；

（3）行事以不愧于天地为原则；

（4）心无城府，想什么就说什么；

（5）受人欢迎，人际关系颇佳，理想的统御人才。

8.挺肚阔步

这里说的"挺肚"，意思是肚子稍微挺高，而不是大腹便便那一种。

肚子微微挺起，阔步而行，整个走路姿态给人"气宇轩昂，精神勃勃"的印象。这一型人的本性，大致如下：

（1）任何艰苦的事都难不倒他；

（2）屡仆屡起，终至有成；

（3）适合做"重建"工作；

（4）委以大任，必能从容完成。

9.神色仓皇

任何时候，走起路来东张西望，慌慌张张，一副神色仓皇的模样，这一型人的本性和运势大致如下：

（1）心思不定，意志无法集中；

（2）缺乏统筹全局的能力；

（3）已经赚进的钱财，也会逐渐流失；

（4）没有决断力，只能做小职员。

10.不断回头

也不是后面有人跟踪，或是发生了什么动静时，这型人偏偏要频频回头。这一型人的本性是：

（1）很难相信别人，如果是个经营者，必专权，不轻言授权；

（2）疑神疑鬼之心颇重，往往无事生非，把单纯的事搞得复杂无比；

（3）与人相处欠缺协调意念，因此，常常闹出人事纠纷，影响工作效率。

11.稳步缓行

最理想的走路姿态，就是重心在下，步行缓走，态度从容，如大船之行于巨河。

（1）走姿如此，一个人的运势必然转佳；

（2）平时走路都有这种习惯的人，事业必定稳稳发展，即使遇到困境，也能化险为夷。

12.威仪自现

走起路来，自有一股威仪压人的模样，这种人的本性和运势大致如下：

（1）命相学上属于大贵之相；

（2）会成为炙手可热的大人物；

（3）气魄震人，以统御力见称。

13.脚尖向内

走路时，脚尖向内的男性，他的本性和运势如下：

（1）有点娘娘腔，无气魄可言；

（2）在多数人面前，不敢开口发表意见；

（3）怕惹麻烦，喜爱孤独；

（4）绝非干部之才。

14.脚尖向外

走路时，脚尖向外的男性，他的本性和运势如下：

（1）凡事积极，不会畏畏缩缩；

（2）断事明快，应变力也强；

（3）人缘好，常能自动打开人际关系上的困局。

从站姿中解读你的性格密码

除了坐姿，站立的姿势也可反映一个人的性格特征。

有的人站姿是抬头、挺胸、收腹，两腿分开直立，两脚呈正步，像一棵松树般挺拔。这种人是健康自信的人，因为自信，所以做事雷厉风行，很有魄力；其次，这种男人有正直感、责任感，是大多女孩子追求的对象。

而那种站立时弯弯曲曲、头部下垂、胸不挺、眼不平，则是缺乏自信，做事畏缩不前，不敢承担风险和责任的人；除此之外，这种人可能就是那种专干偷鸡摸狗之事的人，因为做贼心虚，所以头抬不起，胸不敢挺；还有一种人也如此，那就是一辈子与药罐子为伴的人，当然，这种人大家都可以理解，不是他们不想挺直腰杆做人，而是因为有病毒时刻在侵扰着他们的躯体。

对于那种站立姿势不倾不斜的人，则是前面两种人的折中。此种人遇着南风往北边倒，遇着北风往南边倒，但此类人就有大法术，那就是：不倒翁。为了不倒，这种人极尽阿谀奉承、拍马钻营之能事，这种人还善于伪装，伪装得让人觉得马屁拍的声音不大，但很温柔舒服。因此，这种人一般城府很深、深藏不露，甚至阴险狡诈、心肠恶毒，不得不提防。当然，那种做事缺乏主见、优柔寡断之人也在此列。

从站立的姿势看，一般提倡丁字步：两腿略微分开，前后略有交叉，身体的重心放在一条腿上，另一条则起平衡作用。这样不显得呆板，既便于站稳，也便于移动。站立的姿势适当，你就会觉得全身轻松、呼吸自然、发音畅快，特别有助于提高音量。只有好的站姿，才能使身体、手自由地活动，才能把自己的形象充分地显露出来。无论男性还是女性，站立姿势应给人以挺、直、高的美感。

就男性来说，站立时身体各主要部位舒展，头不下垂，颈不扭曲，肩不耸，胸不含，背不驼，髋、膝不弯，这样就能做到"挺"。站立时脊柱与地面保持垂直，在颈、胸、腰等处保持正常的生理弯曲，颈、腰、背后肌群保持一定紧张度，这样就能做到"直"。站立时身体重心提高，并且重心放在两腿中间，这样就能做到"高"。

就女性来说，站立时头部可微低，这有利于突出女性温柔之美；挺胸，这可以突出乳房，不仅能显得朝气蓬勃，而且是自信的象征；腹部宜微收，臀部放松后突，则能增加女性的曲线美。

在正式场合站立，不能双手交叉、双臂抱在胸前或者两手插入口袋，不能身体东倒西歪或依靠其他物体。另外，不要离人太近，因为每个人在下意识里都有一个私人空间，若逼得太紧会使对方有被侵犯的感觉。所以在正式场合与人交谈时，不要与人站得太近，而要尽量与别人保持一定的距离。

有人说："站姿是性格的一面镜子"，此话一点不假。我们只要细心观察周围的人，从他们站立的姿势语言去探知其性格、心理，就会有收益。

教你解读睡姿密码

一个人的睡觉姿势，是一种直接由潜意识表现出来的身体语言。一个人无论是假装睡觉还是真正的熟睡，睡姿都会显示出他在清醒时表露在外和隐藏在内的某种思想感情。我们在很多时候并不知道自己在睡觉时采取什么样的姿势，不妨问一问身边亲近的人，然后根据实际的性格对比一下。除此以外，还可以对别人有个大致的观察和了解。

在睡觉时采用婴儿般的睡姿，这一类型的人多是缺乏安全感，比较软弱和不堪一击的。他们的独立意识比较差，对某一熟悉的人物或环境总是有着极强的依赖心理，而对不熟悉的人物和环境则多恐惧心理。他们缺乏逻辑思辨能力，做事没有先后顺序，常常是一件事情已经发生了，他们连准备工作还没有做好。他们责任心不强，在困难面前容易选择逃避。

采取俯卧式睡姿的人，多有很强的自信心，并且能力也很突出。在绝大多数情况下，他们都能很好地把握住自己。他们对自己有非常清楚的认识，知道自己是谁，也知道自己在做些什么。对于所追求的目标，他们的态度是坚持不懈，有信心也有能力实现它。他们随机应变的能力比较强，懂得如何调整自己。另外，他们还可以很好地掩饰自己的真实感情，而不让他人看出一点破绽。

喜欢睡在床边的人，他们会时常缺乏安全感，理性比较强，能够控制自己，尽量使这种情绪不流露出来，因为他们知道事实可能并不是这个样子，那只是自己一厢情愿的想法。他们具有一定的容忍力，如果没有达到某一极限，轻易不会反击、动怒。

在睡觉时整个人呈对角线斜躺在床上，这一类型的人多是相当武断的。他们做事虽然精明干练，但绝不向他人妥协，通常是他说怎样就怎样，旁人不得提出反对的意见。他们乐于领导别人，使所有的事情在自己的直接监督下完成。他们有很强的权力欲望，一旦抓住就不会轻易放手，而且越抓越紧，绝不愿与他人分享。

喜欢仰睡的人多是十分开朗和大方的，他们为人比较热情和亲切，而且富有同情心，能够很好地洞察他人的心理，懂得他人的需要。他们是乐于施舍的人，在思想上他们是相当成熟的，对人对事往往都能分清轻重缓急,知道自己该怎样做才能达到最好的效果。他们的责任心一般都很强,遇事不会推脱责任选择逃避,而是勇敢地面对,甚至是主动承担。他们优秀的品质赢得了他人的尊敬,又由于对各种事物能够做出准确的判断,所以很容易得到他人的信赖,也会为自己营造出良好的人际关系。

双脚放在床外的睡觉姿态是相当使人疲劳的,这一类型的人大多是工作相当繁忙,没有多少时间休息。他们的生活态度是相当积极和乐观的,在绝大多数时候显得精力充沛,而且相当活泼,为人也较热情和亲切。他们多具有一定的实力和能力,可以参与到许多事情当中,生活节奏相当快。

脸朝下,头摆在双臂之间,膝盖缩起来,藏在胸部下方,背部朝外,采取这样一种睡姿的人,通常具有很强的防卫心理,并且这种心理时刻存在着,准备随时出击。他们的自主意识多比较强烈,不会听从他人的吩咐和摆布,去做一些自己并不愿意做的事情,更不会向权势低头,如果有人强行要求他们,他们就会采取必要的措施。

双手摆在两旁,两脚伸直坐着睡,这种睡姿在生活当中并不多见,但仍然存在。这一类型的人时刻处在一种高度紧张当中,他们的生活节奏多是相当快的,而且规律性极强。每天在什么时间做什么事情似乎已固定下来,而他们在这个过程中,身体和思想也自然而然地形成了一定的规律,俨然条件反射一般。

在睡觉时握着拳头,仿佛随时准备应战,这一类型的人如果把拳头放在枕头或是身体下面,表示他正试图控制这种情绪。如果是仰躺着或是侧着睡觉,拳头向外,则有向人示威的意思。

双臂双腿交叉睡觉的人,自我防卫意识多比较强烈,不允许别人侵犯自己。他们的性格是脆弱的,很难承受某种伤害。他们对人比较冷漠,常压抑自己而拒绝真情实感的流露。

你可以这样解读腰部密码

我们可从腰部动作部观察女性的性格。

腰部动作即腰部的无声语言，女性相对男性来说，要微妙得多。女性的腰，是除了女性的臀部和胸部以外的性感符号，它常常是以无声的线条来表示意义的。线条和色彩是人类在有声语言之外最具表现能力的无声语言。女性的腰，就是一个线条符号。

1.弯腰

见人即弯腰行礼是日本女人的见面语言，弯腰所形成的曲线是柔美的、温顺的、流畅的，从而形成一种光滑的外表，给人一种柔美的感觉。

2.叉腰

把两手叉在自己的腰上，这种形象就像母鸡斗架。这是女性一种双向的对外扩张，表示出内心的愤怒和力量。这种语言，一般的女人不采用。但鲁迅笔下的"豆腐西施"杨二嫂却经常使用，让鲁迅看了吓一大跳。

3.仰腰

仰腰是一座不设防的城市，这叫作女人的"无防备的信号"。如果女人坐在沙发里，用仰腰的形式对着异性，一般的情况是对于眼前的这个男人绝对的信任，绝对的尊重，她觉得他不会给她带来伤害。

4.扭腰

扭腰使腰呈现 S 型，蕴含了招惹异性的信号。这种语言，在服务小姐和女模特的身上,你会经常看到。一些浅薄的男人看见模特走路,他们的嘴半天也合不起来,发愣了,出神了,这自然会遭到正派人士的鄙夷。

腿部密码全揭秘

美国行为分析学家玛仙露西·菲尔指出,女人坐着时,有意无意间,双腿会摆出各种不同的姿态来,从中可以解读出她们的性格和心理状态。以下是菲尔列举的女人九种腿部姿态,每一种均透露不同的意义。

双腿外张型:摆出此种腿部姿势的人,个性直率豪爽、任性而富于胆量,凡事我行我素,绝不受旁人的意见左右,进取心极强,坐而言起而行,从不拖泥带水。

双腿在膝盖上交叠,一脚脚尖着地,小腿拱成弯弧型:摆出此种姿势的人,个性羞怯退缩。表面看来洒脱轻率,其实内心相当沉稳,待人处事,步步为营。

双脚足尖呈"八字型"向内摆放,双腿并拢:此类型的人天真而个性柔弱,渴望得到别人的关怀照料,凡事欠缺主见,依赖心极强。

双腿在大腿部位交叠,小腿则相互垂直:此种人对自己缺乏信心,做事缺乏主见。但是头脑冷静,自制力极强,不会随波逐流,亦不喜欢参与公众活动,个性较为孤僻。

双腿在膝盖上方交叠,双手按住膝盖,而横跨膝盖上方腿部之足尖,轻微往上扬:摆出此种姿态的人,貌似随和,实则严谨。微翘之足尖,具有保持距离的警告意味。

双腿并拢平伸:这种人性情开朗,处事果决,个性极强,不易被人左右。

双腿足踝部分交叠，双膝弯曲：此种姿态，最具女性魅力，摆出此种姿势的人，最懂得运用自己的娇媚去役使他人，达到自己的目的。

一腿呈直角横放于另一腿的膝部，另一腿之足尖着地：此种女性具有男子性格，野心大而精力旺盛，凡事勇往直前，不达目的誓不罢休，颇有巾帼不让须眉的气概。

双腿交缠：喜与他人接近，但却希望驾驭一切，属于领袖型人物，最能吸引性格软弱的男人为之效力。

从上述九条我们得知从女人坐着时双腿摆放的方式，可以瞧出其个性的端倪；除此之外，经过专家们的研究和分析得出结论，透过一个人的坐姿，不管男女，都可以大致了解其性格和心理。

一个正襟危坐、目不斜视的人，是力求完美，办事周密而讲究实际的：从来只做有把握的事，绝不冒险行事，但往往缺乏创新与灵活性。

喜欢侧身坐在椅子上的，往往是感情外露、不拘小节者。只要自己心里感觉舒畅，是不会在乎有没有留给他人好印象的。

身体蜷缩在一起，双手夹在大腿中间坐着的人，自卑感很重，过度谦逊而缺乏自信，大多属于服从型性格。

手脚大大咧咧敞开而坐的人，具有总管一切的偏好，也拥有领导者的气质和支配欲的性格，大多是性格外向，不知天高地厚，不拘小节的人。女性若采取这种坐姿，还显示出她们缺乏性经验。

一脚放在另一条腿后盘坐的，通常是害羞、忸怩、胆怯和缺乏自信心的女性。

盘腿而坐，如果是男性采取这种坐姿时，通常还握起双拳放在膝盖上，或双手紧紧抓住椅子的扶手；而女性则通常在双脚盘坐的同时，双手自然地放在膝盖上，或一只手放在另一只手上面。经过研究证明，这是一种消极抵制思维外流、控制情感表露、消除紧张情绪和恐惧心理的一种警惕或防范他人的坐姿。

将椅子反转，跨骑而坐的人，表示其正面临言语威胁，对他人的谈话感到厌烦，或想压制他人谈话中的优势，而做出的一种防卫行为。具有这种习惯的人，总想唯我独尊，在团体中称王称霸。

第三章　种种手势，种种心得

演讲、教学、谈判、辩论乃至日常交谈，都离不开手势，手势是人的第二唇舌，是加强语言感染力的一种辅助动作。FBI专家认为，手势在人与人的交流过程中十分重要，手势相当于人的第二张脸，透过它能捕捉到很多隐藏在谈话者心中的一些不为人知的秘密。从一个人的手势动作，能更好地识人、阅人，从而了解他的内心世界。

手指有长短，寓意皆不同

手就像人的第二张脸。FBI在调查案件的过程中，会遇到各种各样的人，有些人为了掩饰一些事情，可能会隐藏自己的身份，通过一个人的手，就能做出一些基本的判断。即便你脸上还能强作镇定，但紧张的心情还是会从手上显现出来。有时，"手的表情"甚至比"脸的表情"来得更真实。

手的表情是如此丰富，单是说五个手指，就有无限寓意。

1.拇指的密语

在古罗马时代，人们常用大拇指朝上竖起或向下分别决定角斗士的生或死。千百年来，大拇指一直被当成权威和力量的象征。在手相术中，拇指也代表着坚强的性格和以自我为中心。对拇指的身体语言也是这样，拇指被用来显示控制权、优越感甚至"侵略性"。

拇指常常从人们的口袋里露出来，有时从背后的口袋里神秘地露出来，这原本是想掩饰自己的霸道态度。有些霸道的或者"侵略性"的女性也采用这个姿势。女权运动使她们能够采取男性的多种姿势。除此以外，采取拇指姿势的人还往往踮着脚，以便使他们显得更加高大一些。

有一个常用的拇指姿势是双臂交叉、拇指向上。这具有双重信号：消极态度的信号（双臂交叉）和优越感的信号（拇指露出）。采用这种双重信号姿势的人，其内心的优越感却依然强烈地表达出来。

当拇指被用来指向他人的时候，它也可能是嘲笑或者不尊敬他人的信号。对大多数女人来说，用拇指指着她们，是最令她们恼火的，尤其是当男人如此做时，她们就更为气愤。女人中间较少使用摇动拇指的姿势。不过，她们有时也用这个姿势指着她们不喜欢的人。

两个男人之间成功的、强有力的握手，保证了充分的接触，没有一方手会有后退的表现。如果说一方的大拇指——主宰手指，在施加压力的话，另一方也不甘示弱。

2.食指的密语

食指是无所不知的，其显著的特点是敏感性。如果要触摸什么东西，我们总是使用食指。拇指和食指用来测定物体的结构。感觉灵敏的食指也为我们提供准确的信息。

谈话时经常使用食指的人,给人的印象总是在训人。举起食指,并且把手心对着说话人,显然是打断别人的话:"等等,我有个想法!"但还不显得那么突兀。

如果把手转成直角,那么食指的这个手势就变成了一种威胁信号,因为它可以进行劈、刺、钻等动作。如果食指自上而下,朝一个点刺去,那么这种气势就达到了淋漓尽致的程度。为了缓和一下气氛,常常可以使用替代物:不是用食指,而是把铅笔作为手的延长器官,敲击要害部位。

3.中指的密语

中指体现自我。谁不把自己当成世界的中心?虽然一般人不好意思这样说,但在私底下,很多人是不由自主地这么想的。

我们中大多数人都是无意识地使用中指发出信号。在谈话时触摸、抚弄或者按摩自己中指的人,有一种自我表现的欲望,希冀求得别人的赞赏。

4.无名指的密语

无名指表示情感。它跟自我表现的中指协同动作,也能单独表现出优雅的、温情脉脉的气质。在谈话时触摸、抚弄无名指,表现了动作发出者对温情的需求。他们期待别人情感上的关怀,而不是理智上的解释。

5.小指的密语

小指是社交性手指。它的作为不大,但是无所不在。把杯子送到嘴边时翘起小指,这个动作看上去有点可笑、矫揉造作,但这原本是为了使动作美观。这个动作是宫廷时代流传下来的,其背后隐藏着一个要求:"别忘了,我还在这里呢!"抚弄小指的人是想把别人的注意力吸引过来。

指尖上的心理，你看明白了吗

若手指交叉，则说明什么呢？把两手的手指交叉，是感到自己的情感和理智处于平衡状态，是一种自我封闭的状态。当然，任何压力都会阻碍这些人敞开心扉。

如果谈话时，对方两只手的食指跟伸出的拇指交叠，这表示什么呢？有人把这个称之为"双枪"。两个自以为是的食指跟显示双重优越性的拇指交叠，表明箭在弦上。持这种姿势听别人说话的人，往往会把指尖顶着自己的嘴，好像在等待别人的话语中出现漏洞。

如果你看透了这个把戏，就可以在你认为有利的时机，把你的弱点暴露出来；如果你知道该如何回击谈话对手的枪弹，那你就能够占得先机。

1.十指交叉

人们在面带微笑愉快地谈话时，常常无意识地将十指交叉。常见的姿势是交叉着十指举在面前，面带微笑地看着对方。也有的交叉着十指平放在桌面上，这种动作常见于发言人。出现这个动作时，表明发言正处于心平气和、娓娓叙谈的时候，乍一看，似乎上面这几种表情都是自信的表现，但事实并非如此。

一般来说，做出十指交叉手势时，手位置的高低似乎与消极情绪的强弱有关。有的将十指交叉放在膝上，也有的站立时将十指交叉放在腹前。按交往的经验而言，高位十指交叉比中位十指交叉更显得莫测高深。正像所有表示消极情绪的姿势一样，要想让使用这个姿势的人打开紧紧交叉的十指，需要某种努力来完成。否则，对方的不安和消极是无法改变的。当我们演讲或是日常生活中与人交谈时，如果遇到情绪消极的情况，做出十指交叉的手势，可以在心理上起到自我保护的作用，从而使谈话更少受到消极情绪的负面影响。

2.数拨手指

一般情况下，数拨手指是在说明某些数字和条件，需要特殊强调增加其说服力和清晰度时采取的一种手势。

我们平时在日常生活中，某领导布置工作，涉及一些数字和条款时，为了让听者听得更加清晰，也常数拨手指。我们在汇报工作时，也常数拨着手指。这样就显得更有条理一些，消除笼统和混乱之感，从而也能使自己强大的语言能力更鲜明起来。

3.指尖相互敲击

如果在谈话时，有人将双手合十，指尖相互敲击，这说明什么？

这说明，指尖在寻找自己的期望跟对方建议的切合点。在这种情况下，决不能重复提出建议，而是应该自问，我的建议跟对方的期望值的差距在哪里？提出新的方案也是一个解决方法。

4.双手叉腰

孩子与父母争吵、运动员面对自己的项目、拳击手在更衣室等待开战的锣声、两个吵红了眼的冤家……在上述情形中，经常看到的姿势是双手叉在腰间，这是一种表示抗议、进攻的常见举动。有些观察家把这种举动称为"一切就绪"，但"挑战"才是最基本的实际含义。

这种姿势还被认为是成功者所独有的站势，它可使人联想到那些雄心勃勃、不达目的誓不罢休的人。这些人在向自己的奋斗目标进发时，都爱采用这种姿势，它含有挑战、奋勇向前的意思。男士也常常在女士面前使用这种姿势，来表现男性的好战以及男子汉的高大形象。但女人如果使用这一姿势，给人的感觉则是不温柔，有母夜叉、河东狮之嫌。

有趣的是，人们发现鸟类在战斗或求偶时，总爱抖擞精神，蓬松羽毛，这样它们就可以显得体格硬朗。而人类把手叉在腰间，也是因为同样的原因：为了使自己显得更高大和威武些。男人对男人这样做是为了用身体向对方挑战，警告对方不要侵犯他。在适合这种说话姿态的特殊环境中，可使说话人收到最佳的说话效果。

自信，你的手势与众不同

通常情况下，一个女人常见的寻求信心的姿态是：把手缓慢而优雅地搁到颈部上。倘若她戴上了项链，这个手势好像只是要确定一下项链是否还在脖子上。如果你问她："你刚刚说的话，确定吗？"她很可能会极力向你保证是的，但也可能变得很有戒心而拒绝回答你。不管她如何反应，都显露了她其实对自己的话并不自信。

另一种常见的"寻求信心"的姿态是紧握自己的手掌。男人、女人都会使用这个姿势，不过女人尤为常见。有这样一个实验，研究者供给每个实验者一杯咖啡，目的就是让他们的手不要空着。研究者想看看，到底有多少人会放下咖啡杯来做那个握手掌的动作。结果发现，多数人先是把杯子举到眼前，好像要把那令人难堪的镜头隔开一样，然后就放下杯子，握起自己的手来了。

当然，有很多手势可以传达一个人因焦虑等原因而出现的信心不足。例如小孩需要恢复信心时就吸吮大拇指；少年人担心考试时就咬指甲；纳税的人最后期限已到时，就会不由自主扯自己的头发。有时候，青年人和成年人还会以咬钢笔或铅笔来取代咬指甲。有些人因找不到笔或者由于不喜欢塑料、金属或是木头的味道，而改成咬纸或衣服了。

有人喜欢把两手指尖合起来，形成一种"教堂尖塔"的手势。这是一种有信心的动作，但有时也表现出一种装模作样、自大或骄傲的心态。尖塔姿势有公开的与隐蔽的两种形式。妇女的尖塔动作是隐蔽类型的典型。她们在坐着时把手搁在膝上，在站着时把合着的手轻放在及腰的位置。职员、律师、政府公务员等处理行政业务的人，也往往喜欢摆出尖塔的姿势。

自信程度愈高的人，尖塔姿势的位置也愈高，有时甚至齐眉，这样一来就像从手缝中看人。这是上司对待下属的一种十分普遍的姿势。

令人奇怪的是，我们可以看见一些谈判代表，在处于劣势时会不自觉地做出这种姿势。而对方的反应几乎毫无例外地相同，他们认为摆出尖塔姿势的人深藏不露，知道的要比所说的多，因此会立即转变话题。玩扑克时，如果有人做出尖塔的手势，那么除非阁下有一手好牌，否则就别再玩下去了，当然你必须肯定对方并不是故意用这种动作来欺骗你。

搓手的心理，依"角色"而定

搓手这种肢体语言常表达一种美好的期望。

1.搓手掌

掷骰子的人用手掌搓骰子，表示期望成为赢家。主持仪式的人搓手掌，并对听众说："我们早就期待着下一个发言人。"兴高采烈的推销员跑进销售经理的办公室，搓着手掌说："老板，我们得到了一笔很大的订货！"在西方，服务员在就餐结束时走到你的桌子旁，搓着手问道："先生，还需要点什么？"他则是用肢体语言告诉你：他期待着小费。

当一个人急速地搓动手掌时，他用这个动作告诉对方，他将得到他所期待的结果。例如，假定你打算购买一栋房子，去找房地产经纪人。

经纪人向你介绍了很多但你并不满意之后，他急速地搓着手掌说："我恰好有一处房产符合你的条件。"经纪人的意思是，他希望这个房子符合你的要求。但是，如果他慢慢地搓着手，对你说，他有一处理想的房产，你会有怎样的想法呢？你会认为，他狡猾可疑，结果可能对他有利，而不是对你有利。于是，推销人员被教导说，如果向可能的买主描述产品或服务，一定要使用急速地搓手掌姿势，以免顾客产生怀疑。当顾客搓着手掌，对推销员说："让我看看你们能够提供些什么！"这意味着，顾客购买的可能性较大。

有一个没有心理变化的特殊情况是：在寒冷的冬季，有一个人站在公共汽车站，他急速地搓着手掌，那是因为他真的冷。

2. 搓拇指和手指

搓拇指和指尖或者搓拇指和食指，这个动作通常是用来表示希望得到金钱。推销员常常搓着指尖和拇指，对顾客说："我可以给你打六折。"有人会搓着拇指和食指对他的朋友说："借给我100元钱吧。"业务人员同客户打交道时，显然应当避免这样的手势。

3. 双手攥在一起

乍看起来，这个姿势似乎是表示充满信心的，因为人们采取这个姿势时往往是满面笑容，心情愉快的。然而，当一个推销员描述他是怎样失去一笔生意的时候，他谈着谈着，双手不仅攥在一起，而且手指开始变白，仿佛被焊接在一起。这个姿势实际上显示了一种失望或敌对的态度。

谈判专家尼伦伯格和卡列罗对攥手姿势进行研究后，得出这样的结论：这是一种失望的姿势，反映此人克制着一种消极的态度。

这个手势主要有三种：在自己的面前攥手；把攥起的手放在桌子上；如果是坐着，把手放在膝盖上，如果是站着，双手在小腹前握紧。

手举起的高度和此人心情不好的程度似乎也有一定的关系。这就是说，手举到最高的人难以对付；而手举到不太高的人则比较好应付。像所有的负面姿势一样，必须设法使此人的手指松开，露出手掌。否则，敌对态度将始终保持下去。

手掌所透露出的信息

在人类的历史上，张开的手掌从来都是同真实、诚实、忠诚和顺从联系在一起的。许多宣誓的场合都是：宣誓人把手掌放在心口上。在欧美一些国家的法庭上，证人左手拿着《圣经》，右手掌举起来，面向法官。

1.双手平摊

双手平摊。表示坦诚、真实，同时也能鼓励对方坦诚相待。

当人们开始说心里话或说实话时，总是把手掌张开显示给对方。像大多数肢体语言一样，这一举止有时是无意识的，有时是有意识的，它都使人感到或预感到对方将要讲真话。相反，小孩在撒谎或隐瞒真相时总是将其手掌藏在背后。当夜晚与朋友玩耍到凌晨方归的丈夫不愿对妻子说出他的去处时，常常将手插在衣兜里或两臂相抱将手掌藏起来，而妻子则可以从丈夫隐藏的手掌上感觉到另有隐情。

由此可见，与他人交谈时你不时地伸出双手摊开，能够使你显得诚实可靠。有趣的是，大多数人发现摊开手掌时不仅不容易说谎，而且还有助于制止对方说谎，有鼓励对方坦诚相待的作用。

西方有心理学家断言：判断一个人是否坦率与真诚，最有效、最直观的方法就是观察其手掌姿势——是否双手摊开。当人们愿意表示完全坦率或真诚时，就向人们摊开双手，说："没有什么值得隐瞒的，让我坦白地告诉你吧。"

经理们常常告诉推销人员，当顾客解释他为什么不买这个产品时，要看看他的手掌。因为只有张开手掌时，他才会讲出真实的理由。

2. 手掌攥拳，伸出一个手指

伸出的手指就好像一个命令，迫使听话的人屈从于他。这样的姿势，最令人恼火。如果你习惯这样做，最好练习一下手掌向上和手掌向下的姿势，这样会造成一种比较缓和的气氛，使别人产生较好的印象。

3. 手势下劈

手势下劈，给人一种泰山压顶、不容置疑之势，使用这种手势的人，一般都高高在上，高傲自负，喜欢以自我为中心。他的观点不容许他人轻易反驳，伴随着这个动作的意思是"就这么办"、"这事情就这样决定了"、"不行，我不同意"等等。

日常生活中，我们也常遇到一些领导，在讲话时为了强调自己的观点，把手势下劈。每当这个时候，听者最好不要轻易提出相悖的观点，对方一般不会采纳的。平常与同事或朋友三五成群地争论问题，有人为了证明自己的观点，也常用这种手势否定别人的观点，打断别人的话。善于识别这种手势语言，有助于我们在为人处世时采取适当的姿态。

4. 手势上扬

手势上扬，代表着赞同、满意或鼓舞、号召的意思。有时候也用以打招呼。朋友见面，远远地扬起手："Hi！""Hello！"

演讲或说话时手势上扬，最能体现个人风格，表明演讲者或说话者是个性格开朗、豪放、不拘于形式的人。

手势上扬，是一种幅度比较大的手势动作，容易使人产生比较鲜明的视觉形象，引起人们对于形式美的主观感受。有人描绘法国前总统戴高乐：当他进行公开演讲时，他的习惯动作是两臂向上，其目的只是为了强调他的讲话。有时他举着双手，挺挺的上身从桌上伸出俯向听众，好像要把他的坚定信念注入听众的心坎里。

总之，手势上扬，是一种能显示出个人特点、很受人欢迎的手势，可以塑造出一种豪放、大度、有号召力的形象。

5.攥紧拳头

一般情况下，在庄重、严肃的场合宣誓时，必须要右手握拳，并举至右侧齐眉高度。有时在演讲或说话时，攥紧拳头，则是向听众表示："我是有力量的！"但如果是在有矛盾的人面前攥紧拳头，则表示："我不会怕你，要不要尝尝我拳头的滋味？"显示的是一种果断、坚决、自信和力量。平时我们听人演讲、说话时攥紧拳头，证明这个人很自信，很有感召力。

握手，信息量很大

握手，虽然只是简单一握，但这其中却也有很大的学问。握手可以反映出一个人的很多信息。通过握手的方式也可以观察出一个人的性格特征。

1.控制性和屈从性握手

手掌向上和手掌向下这两种姿势在握手中的含义是大有不同的。

假定你第一次见到某人，你们习惯性地彼此握手。这种握手表达了三种基本态度——控制性握手："这个人企图控制我，我最好小心点。"屈从性握手："我能够控制此人，他必须听我的话。"平等握手："我喜欢这个人，我们会很好地相处。"

这些态度是下意识地表现出来的。通过练习和有意识地应用，下面这些握手的方法在跟别人见面时会产生直接的效应。

控制性用翻转手来表达，在握手时手掌向下，你的手掌不一定直接面向地面，但要向下握对方的手掌。

人是用手掌向上的姿势表示顺从的。当你想要告诉对方：你把控制权让给他，或者使他感到他在控制局面时将手掌向上与对方握手，这个办法特别有效。

不过，虽然手掌向上的握手方法表示顺从，然而也可以变通。例如，手部患关节炎的人由于身体条件所限，不得不给人一个软弱无力的握手，这很容易使他的手掌呈顺从姿势。从事外科医生、画家和音乐家等职业的人，由于他们的工作依靠手，为了保护手，在握手时也是软弱无力的。握手的姿势会给人提供一些线索，使人对握手的人做出一些估计：顺从的人使用顺从的姿势，霸道的人使用比较咄咄逼人的姿势。

当两个霸道的人握手时，他们会展开一场象征性的"争夺战"，因为他们都试图迫使对方的手掌采取顺从的姿势。结果就形成老虎钳似的握手，两人的手掌都呈垂直姿势。当作爸爸的教给孩子如何"像男子汉一样握手"时，就出现这种老虎钳似的垂直握手。

当对方给你一个控制性的握手时，你不仅很难迫使对方的手掌变成顺从式的姿势，而且你越这样做，控制性变得越明显。这里有一个简单的办法，可能解除对方的"武装"，那就是对他进行威胁，进入他的"亲密地盘"。为了完善这种"解除武装"的办法，当你要握手时，左脚向前迈出一步，从他的左前方进入他的"个人地盘"。之后，你把左腿拉向右腿，完成迂回动作，然后握对方的手。这个办法使你可以把握手的姿势拉直或者迫使对方的手呈现顺从的姿势，它还可以使你通过进入对方"个人地盘"的办法而掌握控制权。

还有个问题是：谁先伸出手？

普遍接受的习惯是，第一次见到一个人时，总要握手。然而，在某些情况下，你首先伸出手去，可能是不明智的行为。鉴于握手是一种欢迎的表示，那么，在你握手之前，你首先要问几个问题：我受欢迎吗？此人喜欢会见我吗？推销学员会被告知，如果他们主动地去跟没有准备的顾客握手，也许会产生不好的效果，因为买主可能不欢迎他们，握手变成他们不愿意干的事情。再者，有些人手部患有关节炎，或者他们是靠手工作的，如果被迫握手，他们可能会采取防御的姿态。推销学员被告知，在这种情况下，最好等对方主动伸出手来，再去迎合；如果对方没有这个表示，那就点头致意。

2.握手时左手的表现

约定俗成的握手是由右手进行的。当右手跟对方的手相握着的时候，闲着的左手如何作为？这也是研究者所关注的。

双手相握的意图是向对方表示诚恳、信任和深沉的感情。两个重要的因素应当予以注意。第一，左手被用来传达额外的感情，左手摸着对方的右臂以上的部位。例如，抓肘握手所传达的感情比抓腕握手要多，抓肩握手所传达的感情比抓上臂握手要多。第二，此人左手的动作意味着侵入对方的"亲密地盘"。一般来说，抓腕和抓肘的动作只有在好朋友或亲戚之间才能被接受。抓肩和抓上臂的动作侵入对方的"亲密地盘"，可能涉及身体的实际接触。只有在握手的时候感情非常冲动的情况下才能如此做。除非双方都表达了额外的感情，否则，如果此人没有充足的理由用双手握手的话，对方会怀疑他的意图。我们常常看到，政府和推销员用双手握手来欢迎他们的选民或新的顾客，他们没有意识到：这样做的效果可能适得其反，使得对方敬而远之。

3.握手的风格和方式

握手时的力量很大，甚至让对方有疼痛的感觉，这种人多是逞强而又自负的。但这种握手的方式在一定程度上又说明了握手者的内心比较真诚和动情。同时，他们的性格也是坦率而又坚强的。握手时显得不甚积极主动,手臂呈弯曲状态,并往自身贴近,这种人多是小心谨慎、封闭保守的。

握手时只是轻轻一接触,握得不紧也没有力量,这种人多属于内向型人,他们时常悲观、情绪低落。

握手时显得迟疑,多是在对方伸出手以后,自己犹豫一会儿,才慢慢地把手伸过去。排除掉一些特殊的情况以外,在握手时有这种表现的人,性格多内向,且缺少判断力,不够果断。

不把握手当成表示友好的一种方式,而把它看成是例行的公事,这表明此种人做事草率,缺乏足够的诚意,并不值得深交。

一个人握着另外一个人的手,握了很长的时间还没有收回,这是一种测验支配力的方法。如果其中一个人先把手抽出、收回,说明他没有另外一个人有耐力。总之,谁能坚持到最后,谁胜算的把握就大一些。

虽然在与人接触时,把对方的手握得很紧,但只握一下就马上拿开了。这样的人在与人交往中多能够很好地处理各种关系,与每个人都好像很友善,可以做到游刃有余。但这可能只是一种外表的假象,其实在内心里他们是非常多疑的,他们不会轻易地相信任何一个人,即使别人是非常真诚和友好的,他们也会加倍地提防、小心。

在握手时,非常紧张、掌心有些潮湿的人,在外表上他们表现出冷淡、漠然、非常平静,一副泰然自若的样子,但是他们的内心却是非常的不平静。他们懂得用各种方法,比如语言、姿势等来掩饰自己内心的不安,避免暴露一些缺点和弱点。他们看起来是一副非常坚强的样子,所以在他人眼里,他们就是强人。在比较危难的时候,人们可能会把他们当成是救星,但实际上,他们也非常慌乱,甚至比他人还要紧张。

握手时显得没有一点力气,好像只是为了应付一件不得不做的事情而被迫去做的。他们在大多数时候并不是十分坚强,甚至是很软弱的。他们做事缺乏果断、利落的干劲和魄力，显得犹豫不决。他们希望自己能够引起他人的注意，可实际上，别人往往在很短的时间内就会将他们忘记。

把别人的手推回去的人，他们大多都有较强的自我防御心理。他们常常缺少安全感，所以时刻都在做着准备，在别人还没有出击但有这方面倾向之前，自己先给予有力的回击，占据主动。他们不会轻易地让谁真正地了解自己，如果是这样，他们的不安全感会更加强烈。他们之所以这样，在很大程度上是由于自卑心理在作怪。他们不会去接近别人，也不会轻易允许别人接近自己。

像虎头钳一样紧握着对方手的人，在绝大多数时候都显得冷淡、漠然，有时甚至是残酷。他们希望自己能够征服别人、领导别人，但他们会巧妙地隐藏自己的这种想法，而是运用一些策略和技巧，在自然而然中达到自己的目的。

用双手和别人握手的人，大多是相当热情的，有时甚至热情过了火，让人觉得无法接受。他们大多不习惯于受到某种约束和限制，而喜欢自由自在，按照自己的意愿生活。他们有反传统的叛逆性格，不太注重礼仪、社交等各方面的规矩。他们在很多时候是不拘小节的，只要能说得过去就可以了。

从一个人握手的细节中，可以看出其性格与心理。

与人握手时，把手摊得开开的人，为人直爽，想到哪里就做到哪里，精力旺盛、胸襟豁达，不拘小节，不怕失败，跌倒了很快就能爬起来。

握手时五指并拢的人，做事一丝不苟、注重礼节、凡事循规蹈矩，但往往因谨慎过度而耽误大事；交友方面亦如是，由于不肯推心置腹地与他人交往，往往交不到知心朋友。

握手时五指微张的人，个性诚实稳重，有强烈的责任感。另一方面则有胆小、跟不上时代脚步的缺点。

握手时四指并拢，大拇指单独张开的人，多属出色的社交能手，他们往往机智敏捷，能够把握良机，而且善于理财。

握手时食指和其他手指间留有空隙，其余手指并拢的人，自尊心强，喜欢强调自己的主张，讨厌受到他人的批评，在群体中往往居于领导地位。

握手时中指与无名指之间留有空隙的人，做任何事情都会保持愉快的心情，遇到困难也都能设法克服。

握手时无名指与小指之间留有空隙的人，不喜欢受他人束缚，有独立自主的意识，做任何事情都会未雨绸缪。

握手时手指稍微向内缩的人，善于理财，但属于吝啬型的人。

握手时五只手指全部往内弯成弓状的人，感受性很强，学习力亦佳，而且点子很多。

握手时手指全部伸直的人，容易感情用事，但做事有始有终，绝不会虎头蛇尾。

第四章　察言，言为心声

> 言为心声。言谈是一个人内心思想的外在表现，它集中反映了一个人的性格特征、心理特点、思维方式、行为模式等。因此，要理解他人的心理密码、读懂他人的内心，必须首先掌握从言谈读懂他人的能力。

口头禅的个人特色

　　口头禅是人在日常生活当中由于习惯而逐渐形成的，具有鲜明的个人特色。在生活当中，绝大多数人都有使用口头禅的习惯，通过它可以对一个人进行观察和了解。

　　一般来说，经常连续使用"果然"的人，多自以为是，强调个人主张，以自我为中心的倾向比较强烈。

　　经常使用"其实"的人，自我表现欲望强烈，希望能引起别人的注意。他们大多比较任性和倔强，并且多少还有点自负。

　　经常使用流行词汇的人，热衷于随大流，喜欢浮夸，缺少个人主见和独立性。

　　经常使用外来语言和外语的人，虚荣心强，爱卖弄和夸耀自己。

经常使用地方方言,并且还底气十足、理直气壮的人,自信心很强,有属于自己的独特的个性。

经常使用"这个……"、"那个……"、"啊……"的人,说话办事都比较小心谨慎,一般情况下不会招惹是非,是个好好先生。

经常使用"最后怎么样怎么样"之类词汇的人,大多是潜在欲望未能得到满足。

经常使用"确实如此"的人,多浅薄无知,自己却浑然不觉,还常常自以为是。

经常使用"我……"之类词汇的人,不是软弱无能想得到他人的帮助,就是虚荣浮夸,寻找各种机会强调自己,以引起他人的注意。

经常使用"真的"之类强调词汇的人,多缺乏自信,唯恐自己所言之事的可信度不高。可恰恰是这样,结果往往会起到欲盖弥彰的作用。

经常使用"你应该……"、"你不能……"、"你必须……"等命令式词语的人,多专制、固执、骄横,但对自己却充满了自信,有强烈的领导欲望。

经常使用"我个人的想法是……"、"是不是……"、"能不能……"之类词汇的人,一般较和蔼亲切,待人接物时,也能做到客观理智,冷静地思考,认真地分析,然后做出正确的判断和决定。不独断专行,能够给予他人足够的尊重,反过来也会得到他人的尊重和爱戴。

经常使用"我要……"、"我想……"、"我不知道……"的人,多思想比较单纯,爱意气用事,情绪不是特别稳定,有点让人捉摸不定。

经常使用"绝对"这个词语的人,武断的性格显而易见,他们不是太缺乏自知之明,就是自知之明太强烈了。

经常使用"我早就知道了"的人,有表现自己的强烈欲望,只能自己是主角,自己发挥。但对他人却缺少耐性,很难做一个合格的听众。

另外,口头禅经常挂在嘴边的人,大多办事不干练,缺乏坚强的意志。有些人说话时没有口头禅，这并不代表他们从未有过，可能以前有，但后来逐渐地改掉了，这显示出一个人意志力的坚强和追求说话简洁、流畅的精神。

若想通过口头禅更好地观察、了解和判断一个人的性格如何，就要在生活和与人交往中仔细、认真地揣摩、分析，这样才会收到良好的效果。

从话题分析，八九不离十

所谓"三句不离本行"，表示一个人的所思所想不会脱离他的生活经验，因此从一个人谈话的话题来透视这个人的性格，往往八九不离十。

喜欢谈论他人私事，对别人的私事或隐私追根究底，大多是有强烈支配欲的人。与人交谈时，话题总是围绕着别人打转，喜欢探听别人的私事，议论他人隐私的人，以女人居多。对于和自己没有多大关系的人，如社会名流、电影明星等，喜欢评头论足，说长道短。这种类型的人除了有支配心理之外，也缺乏知心朋友，心灵空虚、孤独，且不甘寂寞。

相反地，话题总是离不开自己的人，具有自我陶醉的倾向，属于以自我为中心的性格。那些言必谈己的人，事实上最关心的对象就是自己，深信这个世界就是应该以他为中心来运转，这种心理除了是一种自我陶醉，也有任性的性格倾向。此外，不仅谈论自己，而且动不动就把话题集中在自己家人、工作、家庭等周边事物上的人，也可以将之归类为以自我为中心的性格。

而爱发牢骚的人，多有压抑心理，属于否定型性格。牢骚是心理压抑的一种发泄，从发泄的牢骚里，可以发现一个人的心态和愿望。

抱怨薪水太低的人当中，有不少是因为本身不喜欢这项工作，透过抱怨工资低而把不满的情绪表达出来。而会贬低上级主管的人，大都具有希望出人头地却又不易达成欲望。这类爱发牢骚成癖的人，除了心理压抑和心存不满之外，还出自一种虚荣心。

另外，还有一种好提当年勇的人，多在现职的表现上力不从心，无法适应眼前的工作，所以才喜欢在部属、同事，特别是比自己资历浅的人面前，大谈过去的风光史。嘴边老挂着昔日的丰功伟业的人，回忆起过去，总是洋洋得意，恍如昨日。这种现象说明了这个人工作能力衰退，落后于时代潮流且又难以赶上，只好忘却目前的失落感，以寻求解脱。

无视他人的谈话内容，径自提出毫不相干话题的人，其支配欲、表现欲均较强。谈话时会不断变换话题，东拉西扯、杂乱无章，让人摸不着边际，这类人多是思维能力不集中，不能进行逻辑思考。而不提出自己的想法，只是附和别人或顺着别人话题的人，大多心性宽厚并且能体贴别人。

交情相当深厚的朋友，仍不免使用客套话语时，表示此人内心存有自卑感或企图隐藏敌意。相反，故意使用粗话的人，其内心其实是想与对方拉近心理距离，或者希望自己占优势地位。

通过说话方式来识人，真实可信

要想了解一个人的个性，最直接的方式莫过于由对方的口中道出自己的个性。可惜的是，一般人有时也未必真正了解自己，由自己口中描绘出来的自己恐怕都会失真。根据心理学家的研究证实，个人的说话方式，正反映了其内心深层的感受，说不定透过说话方式来判断一个人，会更为真实可信。

每一个人的说话习惯皆不尽相同，经过统计归纳发现，一个人的说话习惯与其行为模式有直接关联，利用这种关联作为识人的基本资料，有时远比通过星相去了解一个人更为可靠。

习惯把"我"挂在嘴边的人，具有幼稚、软弱的性格。根据心理学家的研究，谈话中频频使用"我"的人，自我表现欲强烈，时时不忘强调自己，唯恐别人忽略了自己。而习惯使用"我们"或"大家"来代替"我"的人，具有随声附和或依附团体的性格。喜欢在谈话中引用"名言"的人，大多属于权威主义者。不论场合、不分谈话对象和主题，在与别人的交谈当中，会使用名人的格言来驳斥对方或证明自己论调的人，往往缺乏自信，习惯借助他人之名来壮大自己的声势。

说话时喜欢夹杂几句外语，令听者感到困惑和别扭，这种类型的人通常希望借着语言来掩饰自己的弱点，多半是对于自己的学问、能力缺乏自信所致。

谈话中喜欢引用长辈说过的话，比如常将"我妈说……"挂在嘴边的人，表示其在心理和精神上尚未独立。而有些女性喜欢借用母亲的话来表现自己的意志，如"我妈妈说你很有风度……"等，表明此人心智尚未成熟，缺乏独立自主的个性。

过分使用客套话的人，心里存有戒心。在人际交往中，恰当地使用客套话是必要的，但如果两人的关系原本就相当好，一方却突如其来地说些客套话，则说明其"心中有鬼"或另有图谋。同时，引用过度谦虚的言辞，表示此人有强烈的嫉妒心、企图、轻蔑或戒备心等。

下面的几点是告诉人们怎样通过观察说话方式而看破人心的具体办法：

（1）在正式场合中发言或演讲的人，开始时就清喉咙者多数人是由于紧张或不安；

（2）说话时不断清喉咙，改变声调的人，可能还有某种焦虑；

（3）有的人清嗓子，则是因为他对问题仍迟疑不决，需要继续考虑。一般有这种行为的男人比女人多，成人比儿童多；

（4）故意清喉咙则是对别人的警告，表达一种不满的情绪，意思是说"如果你再不听话，我可要不客气了"；

（5）口哨声有时是一种潇洒或处之泰然的表示，但有的人会以此来虚张声势，掩饰内心的惴惴不安；

（6）内心不诚实的人，说话声音支支吾吾，这是心虚的表现；

（7）内心卑鄙乖张的人，心怀鬼胎，声音会阴阳怪气，非常刺耳；

（8）有叛逆企图的人说话时常有几分愧色；

（9）内心渐趋兴奋之时，就容易有言语过激之声；

（10）内心平静的人声音也会心平气和；

（11）心内清顺畅达之人，言谈自有清亮平和之音；

（12）诬蔑他人的人闪烁其词，丧失操守的人言谈吞吞吐吐；

（13）浮躁的人喋喋不休；

（14）善良温和的人话语总是不多；

（15）内心柔和平静的人，说话总是如小桥流水，平柔和缓，极富亲和力。

主持会议的方式，与性格密不可分

无论是企业、公司还是院校和政府机关，开会就像吃饭和喝水一样司空见惯；而踏入社会的人，无论背景如何强大、资历如何高深、身居何等要职，都难以避免出席会议或主持会议。有的人可以在规定的时间内完成会议内容，而且使与会者满意而归；也有的人长篇累牍、喋喋不休，直到把所有的与会者催睡着了，能否达到预期效果和目则另当别论。主持会议虽然与主持者的自身修养和知识程度有关，但性格所起到的作用也不能漠然视之。

1.简洁明快、豁达干练的人

这种人快言快语、办事雷厉风行，对工作对生活都充满信心，做事必须精心准备。主持会议亦清晰明了，内容安排得当，讲话时条理清晰、言之有物，令与会者为之钦佩。

2.说什么就是什么的人

此类人有一定的身份、地位和手段，对自己目前所拥有的一切满怀信心，而且坚信自己会拥有更多更美好的东西。他们通常是靠自己的真才实干赢得如今位置的，顽强的意志力是他们取得成功的保证。他们做事总是胸有成竹、遇惊不乱，很有大将风度，但总是固执己见，不容他人置疑，在民主的大旗下专断独行。

3.把会场当课堂的人

这类人的名片上通常印有"专家"两个字，学有专长，是公司某一项业务的权威。开会的时候，他们会以老师的姿态站在与会者面前，不厌其烦地讲解"学生们"不明白或懂得不彻底的理论和观念，常常忘记了时间、地点和自我，而被误认为学生的与会者则会哈欠连天，瞌睡连连。

4.欺下媚上的人

由于近水楼台的缘故，他们与高层通常是总裁级的人物接触密切，所以变得又红又紫，而且常常自豪不已。他们会毫不客气地用大部分会议时间来喷洒自己的唾沫星子，胡说八道，而且不允许其他人质疑，还会动不动地打断他人的发言，进行一番补充说明。他们反应敏捷，善于阿谀奉承，欺下媚上。

5.做"传声筒"的人

"传声筒"是对他们在主持会议时的圆滑最好的比拟。他们会将会议内容以及每个人的话一点不差地呈现给高层,也会将高层的意见原封不动地放到会议桌案上。狡猾的他们不会表明半点自己的看法与观点,常常让与会者"静候佳音"或表示"尽力向上级反映",劝解大家"不要急躁,耐心等待"。

6.优柔寡断的人

他们大有发展前途,彬彬有礼而又谦卑含蓄,一点也不咄咄逼人,允许其他与会者在会议上畅所欲言,提出自己的观点,但往往由于理论可行,拍板犹豫不决而难以和与会者达成共识,结果降低了自己的威信,让下属心存不服。

7.爱耍威风的人

这种人在企业居于不高不低的位置,所以非常想往上攀爬,野心勃勃。他们喜欢摆架子,显威风,总是让很多不相关的人参加会议,如若人手不够,还会派部属到场呐喊助阵,滥竽充数;他们常常打着"群众意愿"的幌子,中饱私囊,在"多数民意"面前,上级常常无话可说。

不同的幽默用法,揭示了不同的性格

用幽默来打破某一个僵局,这样的人多随机应变能力比较强,反应快。因自己出色的表现,他们可能会成为受人关注的对象,这迎合了他们的心理。他们多有比较强烈的表现欲望,希望能够得到他人的注意与认可。

常常用幽默的方式来挖苦别人的人，多心胸比较狭窄，有强烈的嫉妒心理，有时甚至做一些落井下石的事情。他们有较强的自卑心理，生活态度较消极，常常进行自我否定。他们最擅长挑剔和嘲讽他人，整天算计他人，自己却从未真正地开心过。

善于说自嘲式笑话的人，首先应该具有一定的勇气，敢于进行自我嘲讽，这不是一般人能够做到的。他们的心胸多比较宽阔，能够接受他人的意见和建议，而且能够经常地反省自己，进行自我批评，寻找自身的错误，进行改正。

用幽默的方式嘲笑、讽刺他人，这一类型的人，给人的第一印象往往是相当机智、风趣的，对任何事物都有细致入微的观察，能够关心和体谅他人，但实际上这种人是相当自私的，他们在乎的可能只是自己。他们在为人处世各个方面总是非常小心和谨慎，凡事总是赶着要比别人快一步。他们疾恶如仇，有谁伤害过自己，一定会想方设法让对方付出代价。有较强的嫉妒心，当他人取得了成就的时候，会故意进行贬低。

喜欢制造一些恶作剧的人，他们多是活泼开朗、热情大方的，活得很轻松，即使有压力，自己也会想办法缓解。他们在言谈举止等各方面表现得都相当自然和随便，不喜欢受到拘束。他们比较顽皮，爱和人开玩笑，他们在这个过程中进行自我愉悦，同时也希望能够将这份快乐带给他人。

有些人为了向他人表现自己的幽默感，常常会事先准备一些幽默，然后在许多不同的场合不厌其烦地说。这一类型的人多比较热衷于追求一些形式化的东西，而且很在乎他人对自己持什么样的态度。生活态度比较严肃、拘谨，能够控制自己的感情。

现实生活中还有另外一种思维活跃、有很强的想象力和创造力，自然流露许多幽默的人，他们的生活始终处在发掘新鲜事物的过程中，他们需要利用别人来发掘和增强自己的构想。

说话的韵律，揭示了说话的人

在言谈方式中，除了音感和音调之外，语言本身的韵律也是重要的因素。

充满自信的人，谈话的韵律为肯定语气；缺乏自信的人或性格软弱的人，讲话的韵律则慢慢吞吞。其中，也会有人在讲了一半话之后说："不要告诉别人……"而悄悄说话，此种情况多半是秘密谈论他人闲话或缺点，但是，内心却又希望传遍天下的情形。

话题冗长，须相当时间才能告一段落的情况，也说明谈论者心中必潜藏着唯恐被打断话题的不安。唯有这种人，才会以盛气凌人的方式谈个不休。至于希望尽快结束话题交谈的人，也有害怕受到反驳的心理，所以试图给予对方没有结果的错觉。

另外，经常滔滔不绝谈个不休的人，一方面目中无人，另一方面好表现自己，并且这种类型的人，一般性格外向。

成功的政治家和企业家，在控制言谈的韵律方面，都有独到之处。这种细节性的处理方式，使他们赢得了社会或下属的认可与尊重。

说话比较缓慢的，大都是性格沉稳之人，他们处事做人是通常所说的慢性子。从言谈的韵律上可以看出一个人的性格特征。

五代时，冯道与和凝同在中书省任职，冯道说话做事都很缓慢，而和凝则是个性急的人，办事果断，做人颇为自信。由于性格上的差异，两人经常为一些小事而意见不合。有一天，和凝看到冯道买了一双鞋，认为款式不错，他很想买一双穿，就问冯道："先生这双鞋卖多少钱？"冯道慢慢地举起右脚缓缓地对和凝说："这只九百文。"和凝素来性情急躁气量又小，听到这里，便对手下人大发脾气："你怎么告诉我这种鞋子要用一千八百文？"正想继续责骂，这时，冯道又慢慢地抬起左脚说："这只也九百文。"和凝怒气这才稍解。

谈话的特征揭示了信心的有无

一个人的谈话特征在很大程度上体现了一个人的本性，因此，一个高明的领导者能够根据谈话的特征来识破他人的用心：

1.谈话时沮丧、疲累、精神不振

一看就知道面色不佳，说起话来唉声叹气，如临世界末日，一切希望都没了。

这种人外表上的特点是：沮丧疲累、精神不振。有这种现象的人，大可判定对自己早就失去了信心。

进一步分析，有下面的性格：

（1）自寻烦恼，常为不必要的事而终日忧愁；

（2）由于对自己失去了信心，工作没劲，也没有理智的判断力；

（3）容易相信卜卦者之言；

（4）对上司交代之事，总是无法如期完成，即使如期完成，也是缺陷繁多，还得大加修改。

2.谈话时不正视对方

相对而坐时，不注视对方，总是垂着头听，偶尔抬起眼睛看对方一眼，但是很快就又垂下头来。

有这种现象的人，以女性职员居多。

一般说来，女性跟男性同坐，都会表现出一种娇羞之态，这是女性特有的习惯。

在识人术上，可不管对象是男人或是女人，只要有此现象，我们就可以据此判断对方的心态。

（1）不抬眼睛，一意倾听，表示全心信赖对他说话的人；

（2）如果双方是年轻的一对，表示她对他有爱意（甚至爱得很深）；

（3）只知垂首而听，表示对对方没有任何戒意，而且抱有一种"安全感"。

上面所说的是对"某一个特定的人"有此现象而言，如果对任何人都如此，那就另当别论，我们应该据此来判断对方的个性：

（1）个性胆怯；

（2）缺少魄力，做事一定没有持久力，平时也显得死气沉沉毫无活力可言；

（3）意志不坚，容易随波逐流。

3.不断地把视线移开

跟别人交谈时，摆出不大重视对方的态度，这是表示：

（1）暗中观察对方，盘算如何还击；

（2）不是方正之士，必有所防范；

假设，这种移开视线的动作是发生在交谈之中，那就表示：感到疲倦，无意倾听，他心里想的只是"快一点结束该有多好"。

遇到这种情况，你就及早地结束谈话，定一个时间，下次再好好谈。

双方在交谈时，视线难免会相遇，如果对方在此时连忙移开视线，该作下面的判断：

（1）他的内心有某种苦衷，或是有意隐瞒什么；

（2）急急避开视线，表示担心你发觉到他的心事；

（3）性格懦弱，不敢直视对方。

视线相碰的时候，直视对方，绝不避开，这种人的性格通常是方正之士，待人以诚，绝不耍弄什么诡计，是意志坚定，自尊心强的表现。

4.下巴朝上

一般人谈话时绝少"下巴朝上"，因为这个动作有侮蔑、轻视人的意思。

下巴缩紧，给人的印象是：坚毅不屈。交谈中下巴经常朝上（没有缩紧），就表示有下面几种可能：

（1）情绪不宁，没有定力。

有意表示自己跟对方是处于平等的地位。

（2）全然瞧不起对方。

有这种习惯的人，在公司里一定是从无表现，能力泛泛。

如果偶尔有这种动作（不是次次如此），可以解释为"热衷于交谈"。

5.不断地眨眼

交谈中不断地眨眼，这种人的性格如下：

（1）很有同情心；

（2）认真地听你说的话，有意尽其所能地帮你的忙。

如果在谈话中，眼珠骨碌碌地转个不停，而且成为一种习惯，这种人的性格是：

（1）无法集中精神听话；

（2）心情不定。听不出对方话中的意思。

做事容易半途而废。交谈的时候，目不转睛地瞪住对方，这种人当时的心情大致如下：

（1）急于要对方赞同他的主张、意见；

（2）对自己信心十足，对交谈的事也有莫大的意愿。

6.出口无赘词

虽然每句出口成章,但是,句句无赘词,交谈中始终掌握总的核心。这种人并不多见,他性格上的特点是:

(1)自己有什么嗜好,绝不到处瞎吹;

(2)不会胡乱批评别人;

(3)出口无废词的人,一般而言,脑筋灵活,工作能力属上上,前途大好。

不说便罢,一说起话来就口若悬河,大有誓不罢休的势头,这种人一般说来,善于卖弄三寸不烂之舌,论实力,往往是微不足道,没什么大不了。

这一类型的人,性格上的特点是:

(1)能力不怎么样,但是善于掩饰自己的无能。

(2)说得多,做得少,有时候做了也等于没做,效果很差,或是错误百出;

(3)推卸责任是他的看家本领。

相反,有一种人不善言辞,说起话来木木讷讷的,光看外表,还以为是个无能之辈,实则不然。这一类型的人,性格上的特点是:

(1)善体人意,绝不让人难堪;

(2)有实力之士颇多;

(3)个性正直,言行一致;

(4)少说多做,而且所做的事都有板有眼,绩效彰显。

7.猛说长短

一般人绝少把自己的长短毫不隐瞒地表现出来,说个不停。可是,世上就有冲着别人猛说自己长短的人。

没受过"识人术"训练的人,往往误以为他是个"诚实之士",大可当作知友,而与之深交。

其实，依照心理学上的分析，一般的诚实之士，绝不会动不动就掀出自己的"底牌"，让别人瞧个够。

自己的长处、短处，说来是一个人的内涵，把自己的内涵轻易公之于众人之前，是一般人不屑为之的。

碰到这种人你要知道他的本性是：

（1）没有准辙，容易见异思迁；

（2）对上司、公司的忠诚度大有存疑的必要；

（3）气量太小，往往为薄物细故而与人闹翻。

8.到处夸傲

完成一件并不怎么样的事，就以为功劳奇大，逢人便说，或是拿它来压人，摆出不可一世的傲态——这种人，到处可见，他的本性有以下几点：

（1）典型的小人物；

（2）若居于人之上，必是个大摆臭架子的上司，因此，绝不能当管理干部；

（3）被人奉承就乐得什么似的，绝不会成大器；

（4）虚荣心很强，没有责任感。

9.该惭愧时仍然嘻嘻哈哈

挨了骂，就一脸愧色；受到夸赞就喜形于色；受到讥讽，就怒形于色。这是一般人惯有的反应。

就有一种人，该惭愧时仍然嘻嘻哈哈，故意装作不当一回事，他的本性有以下几点：

（1）狡猾成性，脸皮厚；

（2）绝非干部之才（一旦居于高位，必不定期把公司搞得天翻地覆，鸡犬不宁）；

（3）寡情寡义，做得出一般人做不出的背叛、负恩的行为。

辨析言语，认识德才

我们可以通过辨析言语来了解和掌握他人的德才行为，因此，言语辨析法不失为知人识人的有效方法。

使用言语辨析法知人，需要有言语做基础，没有言语，辨析也就成为一句空话。从人们的生活实践看，获取考查对象言语的方法主要有三种：

一是直接交谈法。就是通过与被考查对象直接交谈来辨别他的德才行为。这种方法是人们在知人识人中应用最为广泛的一种。实践也证明，这是获取被考查者言语并能正确判断其德行较好的一种方法。

有一次，日本名古屋商工会议所主席土川元夫接待一位要求到他那里工作的人。谈了20分钟，便做出决定：不能留用。后来，推荐者问他为什么这么短的时间就能决定取舍，土川元夫说："这个人和我一见面就滔滔不绝地说个没完，根本不让我有说话的余地，我在说话时他又不注意听，这是他的第一个缺点。其次，他很得意地宣传他的人事背景，说某某达官贵人是他要好的朋友，另一位名人也是常常和他一起喝酒的酒友，沾沾自喜地炫耀出来故意让我知道。第三，我想听的话，他又没有说出来，真令人担心，这种人怎么能做同事呢？"听了这番分析，推荐人也佩服得直点头。

二是耳听八方。就是在与被考查者广泛接触中，做善听他们言谈的有心人。对被考查者的话，在正式场合下说的要听，日常生活中说的也要听；顺耳的话要听，逆耳的话也要听；正确的话要听，错误的话也要听。从被考查者的各种闲言碎语中知人识人。譬如，一个人在正式场合说满口的政治套话，很进步，而在"自由市场"上却说话不负责任，甚至散布一些不满的言论，说一些极为消极的话。这时，我们就可以判断出此人心口不一，不可信其言语。

三是委托传输法。就是通过第三者来获取被考查的言语。由于主客观条件的制约，被考查者说话也有一定的选择和掩饰性。比如，有的人在场时不敢说，有的脾气不投的不愿说，还有的性格内向的不善说。这时，我们可以通过与被考查者合得来的第三者与其谈话，来获取真实的言语。但是，领导者选择的第三者应当是为人正直、有责任心的、可靠的人，这样才能保证传输言语媒介的"真实度"。

通过多种渠道，获得了考查对象的大量言语信息后，从这些言语信息中去辨析考察者的一些实际情况。在知人的实践中，最难辨析的还是奉承和吹捧自己的言语。善听顺耳之言是人的天性。奉承吹捧者把错的说成对的，黑的说成白的，以至有的人就闻"顺言"而放弃原则。在实践中，我们要注意掌握识别吹拍之徒的方法，常见的识别方法主要有三种：

一是自省法。就是当听到奉承赞美之言时，要客观地分析自己与"美言"之间是否名副其实，以便找出赞美者的动机。知人者在听到赞扬之言的时候，不要自我陶醉，飘飘然、昏昏然。首先要用镜子照一照自己，比较一下，检查一下，看看自己的实际情况和赞扬相符不相符。如果不相符，就要认真分析一下赞扬人的动机，是出于偏爱，还是出于惧怕，或是有求于自己。

二是反证法。是指听到过头的赞美之言，就可以初步断定对方的不良德行。听到"美言"，就可以怀疑被认知者有不善之心，其做法虽有些偏激，但它仍不失为一种观察人的有效方法。

三是明技法。就是了解和掌握善谀者的常用技法，以便更好地识别其不良动机。从实践看，善谀者最常用的技法，就是根据"人心向善"的心理，把被说服者的优点吹得天花乱坠，把其缺点或问题圆滑得天衣无缝。

言语谈吐也可以反映一个人的才能学识，这是许多实践所证明了的真理。当然，无论从洋洋万言或只言片语，还是以声音大小来识别人的才能学识，都离不开国情、地情、时情和人情等客观环境，离开了这个环境，就无法做出正确的鉴别。另外，知人识人者要特别注意鉴别那种"嘴尖皮厚腹中空"的夸夸其谈者，不要把夸夸其谈误认为是才能学识的表现。如果不注意这一点，就要吃大亏。这在历史上也有教训，成语"纸上谈兵"所讲的战国时代赵括夸夸其谈，纸上用兵，实战中惨败于秦国，让赵国一次损失大军40万的事，就给人以深刻教训。

第五章　别对我说谎，我懂微反应心理学

一个人的手指、手、手臂、腿以及它们的动作，都会泄露这个人内心真正的情感。我们大部分人没有意识到自己的身体会说话，但其实当我们试图用语言欺骗别人的时候，真相已经悄无声息地显现出来了。

撒谎时瞳孔的反应

西方曾有心理学家做过这样一个实验：让10个人禁食四五个小时，让他们保持在饥饿状态；让另外10个人刚刚吃过食物。同时，在他们面前摆上各种美味佳肴，观察他们眼睛的变化。实验结果发现：前者的瞳孔要比后者大2.5倍。

瞳孔因为不由自主地受到神经系统的支配，所以，瞳孔会不由自主地出卖说谎者。FBI指出，当人们看到或被提及自己喜欢的人时，瞳孔就会放大，相反，看到自己讨厌的人时，瞳孔就会缩小。

女同事露西："嘿，你是不是对副总乔治有意思啊？"

女同事黛西："怎么可能，没有的事。"

女同事露西："你就别装蒜了，这些都写在脸上了。"

女同事黛西:"啊,什么?"

就例子中的两个人来说,其中必定有一个人撒谎。观察两人随着谈话的不断深入,眼睛的变化十分明显。女同事黛西随着谈话的深入,不由自主地瞳孔就会有些变大。一般说来,瞳孔的大小受光线明暗的影响,同时它也会随着当事人对某一问题感兴趣程度的变化而变化。

撒谎时眼神的反应

说谎时人们的典型征兆是:频繁地眨眼睛,漫无目的地四处张望,眼睛贼溜溜地转动等。视线斜视是"不想让别人识破本心"的心理在起作用。因为说谎而感到不安,所以试图尽可能地收集周围的信息以求转移不安或者找回安全感。

很多人认为目光转移是撒谎的信号。他们假定,那是因为撒谎者感到内疚、心虚和忧虑,从而很难用眼睛直视被欺骗的人,所以转而看别处。但是,根据FBI的实际经验可知事实并非如此。

首先,凝视的模式是相当不固定的。孩子说谎的时候因为心虚,所以脸庞发红,眼神闪烁,飘忽不定,经常往下看。但是,大人说谎就没那么容易看出来了,说谎者可以盯着对方的眼睛,甚至伪装出一副坦诚无比的样子目不转睛地盯着对方,脸不红心不跳地说谎话。不过,如果你细心观察,也能够从凝视的眼睛中看出端倪。

有些撒谎者移开他们的眼神,有些却反而增加注视别人的时间。因为凝视是很容易控制的,撒谎者可以用眼神来强化这样的印象——自己是诚实的。在知道他人觉得目光转移是撒谎的信号之后,许多撒谎者反而做完全相反的动作,故意更多地注视对方,给人以他们在说实话的印象。所以,如果你想知道别人是不是在撒谎,就不要仅限于注意眼神的变化。另外，当某个人比平时更专注地看着你的时候也要注意！

另一个假定的撒谎信号是快速眨眼。当我们变得兴奋或者思维快速运转的时候，眨眼的频率的确会相应增大。人普通的眨眼频率大概是每分钟 20 次，但是当我们感觉到压力的时候，可能会提高 4~5 倍。人在撒谎时往往很兴奋，或撒谎者在为一个笨拙的问题寻找答案的时候，其思维会快速运转。在这种情况下，谎言同眨眼的确有关系。但是我们要记住，有时候一个人快速眨眼，不是因为他在撒谎，而是因为压力很大。还有，有的撒谎者的眨眼频率较高也非常正常。

眼神很容易出卖撒谎者，为此 FBI 建议通过这样一种方法来判断对方是不是在撒谎：问他一些必须要回忆才能想起来的细节问题，比如"那天你去买衣服路上碰到了哪些人，和他们说了些什么"。此时观察对方的眼睛，如果对方不经思考就看着你的眼睛马上回答，说明他在讲述一个已经编好的谎言；如果他的眼睛先向上再向左转动，说明他在回忆真实情况；如果他的眼睛先向上后向右转动，说明他正在编造谎言。

经常撒谎，经常摸鼻子

在 FBI 对撒谎者的研究中，有一个摸嘴的替代行为，就是摸鼻子。通过摸鼻子，撒谎者体会到了掩嘴的瞬间安慰，又不用冒险把人们的注意力引向自己的所作所为。在这种情况下，摸鼻子是掩嘴的替代行为。这是一个鬼鬼祟祟的身体语言，看起来某人好像在挠自己的鼻子，但他真正的目的是掩住嘴。

这是因为人在撒谎时，鼻子内血压会升高，使鼻子膨胀，刺激鼻子的神经末梢，不得不去揉鼻子止痒。西方有专家对鼻子和谎言之间的关系做出了科学的论证："人讲假话，鼻子的勃起肌便会充血肿胀，肿胀后的鼻子就会发痒，迫使说谎者搔痒、擦鼻子或者摸鼻子。"

还有一种观点认为，摸鼻子是欺骗的标志，但是这个动作和嘴没有关系。这个观点的支持者之一阿兰·赫希与查尔斯·沃尔夫一起，对比尔·克林顿1998年8月给大陪审团的证词作了详细的分析，那时候这位总统否认曾与莫妮卡·莱温斯基有染。他们发现，当克林顿说真话的时候，他几乎不碰自己的鼻子，但是当他在与莫妮卡·莱温斯基发生风流韵事的问题上撒谎时，平均每四分钟摸一下鼻子。赫希管这个叫"匹诺曹综合征"，这是根据著名的童话人物匹诺曹命名的。这个人物每次撒完谎，木头鼻子都会变长。赫希指出，人在撒谎时，鼻子会充血，通过摸鼻子或擦鼻子，这种感觉能够得以缓解。

但是，至少有两种观点反对"匹诺曹综合征"的说法。一种认为摸鼻子仅仅是紧张的征兆，而不是谎言的信号。另一种观点认为，人在撒谎时，会感到焦虑，害怕被人发现，而这些情绪都与面部的血液枯竭有关。换句话说，它导致的是血管收缩，而不是血管扩张。这是罗格斯大学的马克·弗兰克的观点。弗兰克还指出，关于撒谎的实验研究表明，摸鼻子并不是一种普通的欺骗信号，当然这可能是因为摸鼻子没有出现在实验场所。在那里赌注很低，即使谎言被揭穿，人们为此支付的成本也不太高。还有这样的可能，摸鼻子并不是人人适用的欺诈标志，它可能只是某些人（如克林顿）的商标式身体秘语。

抓耳挠腮，他一定紧张

人在紧张的时候，总喜欢抓点什么以寻安全感，撒谎者也是，他们在说谎的时候，经常会抓挠脖子或耳朵。

1.说谎者抓挠脖子

FBI 根据观察得出结论，人们每次做抓挠脖子这个手势时，食指通常会抓挠五次，食指运动的次数很少会少于五次或者多于五次。这个手势是疑惑和不确定的表现，等同于当事人在说："我不太确定是否认同你的意见。"

当口头语言和这个手势不一致时，矛盾会格外明显。比如，某个人说"我非常理解你的感受"，但同时他却在抓挠脖子，那么我们几乎可以断定，他真的没有理解。

2.说谎者抓挠耳朵

小孩为了逃避父母的责骂，会用两只手捂住自己的耳朵，成年人则会抓挠耳朵。抓挠耳朵的手势也有多种变化，包括摩擦耳廓背后；把指尖伸进耳道里面掏耳朵；拉扯耳垂，把整个耳廓折向前方盖住耳洞，等等。当人们觉得自己听得够多了，或想要开口说话时，也可能会做出抓挠耳朵的动作。

抓挠耳朵也意味着当事人正处在焦虑的状态中。查尔斯王子在步入宾客满堂的房间，或者经过熙攘的人群时，常常做出抓挠耳朵和摩擦鼻子的手势。这些动作显示出他内心紧张不安。

细节告诉你，他是否在撒谎

人们在说谎的时候总会不自觉地紧张，只是有些撒谎高手善于掩饰，不易被别人发觉。若坐在凳子上，紧张的人就会浅坐在座椅的前半部分，并且曲着腿、弓着腰，好像随时准备从凳子上弹起来采取行动一样；有时候还会不停地抖腿和蹭脚，以此来分散注意力，消减心中的慌乱。若心中泰然则会显得精神松懈，就会稳坐在椅子上，同时伸出脚,很悠闲,表示不会立刻站起。

警察审讯犯人时,喜欢让嫌疑犯坐在只有一张椅子、没有任何遮蔽物的房间,再配以强烈的灯光照射,就是要除去有利撒谎的环境条件,一目了然地观察犯人的身体动作。

1.说谎者常用手遮嘴巴

当一个人用手下意识地遮住嘴巴时,表示他试图抑制自己说出那些谎话。有的人会假装咳嗽来掩饰自己遮住嘴巴的手势,有时候人们是用几个手指或紧握的拳头遮着嘴,但意思都一样。

如果你在公司召开一个会议,你发言时看到有听众捂着嘴,这个时候就要注意了。遇到这种情况,你应该停止发言并询问听众:"大家有什么问题吗?"

2.说谎者常将手指放在嘴唇之间

幼儿会将自己的拇指或者食指含在嘴里,作为母亲乳头的替代品,而成年人则表现为把手指放在嘴唇之间,或者吸烟、叼着烟斗、嚼口香糖、衔着钢笔、咬眼镜架等。人们常常在感受到压力的情况下做出这种手势。

3.说谎者爱揉搓眼睛

一个小孩不想看见某样东西时,他会用手遮住眼睛。而我们大人不想看见什么的时候,会下意识地摩擦眼睛。大脑通过摩擦眼睛的手势企图阻止目睹欺骗、怀疑和令人不愉快的事情,或是避免面对那个正在遭受欺骗的人。电影演员们常用摩擦眼睛的手势表现人物的伪善。

男人为了试图掩盖一个弥天大谎,则很可能把脸转向别处。相比而言,女人更少做出摩擦眼睛的手势,她们一般只是在眼睛下方温柔地轻轻一碰。不过,和男人一样,女人撒谎时也会把脸转向一边,以躲开听话人注视的目光。

4.说谎者常拉拽衣领

当一个人说谎时，往往会引起敏感的面部和颈部组织的刺痛感，因而就必须用手来揉或搔抓。说谎的人感到对方怀疑他时，脖子似乎都会冒汗，这时他会下意识地拉一拉衣领。

当一个人感到愤怒或者遭遇挫败的时候，也会用力将衣领拽离自己的脖子，好让凉爽的空气吹进衣服里，冷却心头的火气。当你看到有人做这个动作时，你不妨对他说"请你有话就直说吧，行吗"或者"麻烦你再说一遍，好吗"，这样的话会让这个企图撒谎的人露出马脚。

5.说谎者爱快速地耸肩

耸肩通常传递一无所知或漠不关心这两个信息："我不知道"或"我不在乎"。当人们做耸肩这个动作的时候，通常表明他们愿意沟通这个信息。然而，如果耸肩的动作非常快，则另有所指。

这种情形有点类似一个人被一句笑话弄得很尴尬，却要假装自己觉得很有趣，这时他的脸上就会出现只牵动嘴唇的假笑，而不是脸上堆满笑容。

6.说谎者常交叉双臂

这个姿势表示一种防卫的、拒绝的、抗议的意义，显示出矛盾、多种情况交互影响或紧张等心理因素的存在。当一个人说谎时或害怕自己的谎言被拆穿时，对听者总有一种防卫的心理，不愿别人去接近或获得任何信息。

撒谎的言辞特征

我们可以从他人的语速中判断出这个人说出的话的真实性。当然，说谎者如果嗫嗫嚅嚅的，讲话声音很小，也可能是由于撒谎的缘故。

1.说谎者语速过慢

一家公司在招聘一些员工的过程中，运用了一个"回应计时测验"。他们询问前来面试的应聘者是否能接受加班，或与某些人共事，为某些人服务是否会感到不自在等。应聘者花越长的时间回答"没有"、"不会"，所获得的评分就越低。

这个问题关乎工作态度，并需要内在的运作程序。工作态度积极的人，很快就会做出回答。存有偏见的人则需要较长的时间考虑问题之后才会说出答案，他们试图说出"正确"的答案，因此，与单单给出一个诚实的回答所需的时间相比，他们需要更长的时间。

2.说谎者常嗫嗫嚅嚅

说谎者讲起话来可能会不清不楚、嗫嗫嚅嚅的，而且讲话声音较小，一点也不热切，那些话好像是硬挤出来的。可能出于恐惧，他们的声调变得较高，说话的速度也加快，而且丢三落四，一点句法结构也没有，还可能会结巴、说错话。

3.说谎者常言辞激烈

有时候，为了说服自己以及指控者，一个人可能宣称对某种想法或信念感到气愤。言辞激烈的人所泄露的信息不是有一丝破绽，而是倾泻而出；当时说谎者完全被自己的情绪所控制，一旦时过境迁，才发现自己把不该说的话也说了出来。

4.说谎者常停顿，声调升高

如果你认为有人对你说谎，不妨装作相信他说的每一句话，他最终会因为过分自信而露出马脚。然后，请他重复刚才的话（谎言）。优秀的说谎者事先排练过，能够准确复述先前讲过的谎言，然而他会暂停一会儿他的叙述。他会以为已经蒙混过关。然后，请他再重复一遍刚才的话（谎言）。由于他没准备连演三遍，头脑已经松弛下来，讲的话难免会与前两遍有出入。由于说谎往往伴随着紧张，说谎者的声调会不由自主地升高。

警察在审问犯罪嫌疑人的时候，常会采用让对方一遍一遍复述的方法，从而抓住破绽，找到突破口。

以下两点，也是识破他人谎言常用的观察方法。

1.说谎者语言信息过量

说谎者往往会用大量的词汇来一次次地修饰自己的谎言。语言信息过量也是谎言的破绽之一，因为它是一种反常的说话方式。说谎中的信息过量都不是说谎者的本意所为，而是他的表达失误。信息过量的失误是因为说谎者经验不足、矫揉造作，老想着把谎言编得更圆满。

对一个简单的问题，在回答了"是"或"否"之后，缺乏经验的说谎者会很快针对问题做出进一步的补充说明。一个高明的说谎者，可能在说话方式上很注意自己的言辞，但是，即使是一个再高明的说谎者，他可能把某一方面或者某几个方面掩藏得很好，但是总会有那么一项两项出卖他。

2.说谎者喜欢转移话题

一个人在说谎时，可能会突然改变话题，因为他不想回到刚才的话题，并且会用幽默和挖苦手段来消除某一个话题。

当你觉得对方可能在说谎时，不妨迅速转移话题。如果对方确实在说谎，会非常乐意这种话题的转换，顺着你的意思进行下去。或者你做出相信的样子，那么他就会更加大胆，说出更离谱的谎言，令自己原形毕露。

说谎者的自我掩饰

说谎者为了掩饰自己的谎言，会很少强调自己说过的话。当然，如果他重复的话，口误是经常出现的。

1.说谎者很少强调

说实话的人常会无所顾忌地强调句子中的人称代词，但是骗子很少或根本不使用"我"或"我们"之类的人称代词，可能只简短地回答"是"，而非"是，我是"。

说谎者也不强调语气的表达，常会说一些不痛不痒、暧昧不明的句子。例如，他不会说"我们玩得很开心哦"，而是说"很不错"、"还行"。

诚实的人表示同意或否认某件事时，他会拉长句子头一两个字的音调来强调，如"不——是"、"是——的"等。这种强调方式通常不会从骗子的口中说出来。

2.说谎者会出现口误

弗洛伊德曾说："某些不想说的话，却说溜了嘴，就是典型的自我招供！"一个说谎者如果担心被识破或者心中有愧，就会发生口误。

如果一个人在说话时出现言语错误或在一个语句中出现主谓语错位情况，或者是一个语句中有读音相似的文字时出现，脸上再流露出不适当的神色，那么可以初步判定这个人可能在说谎。

人们为了说谎，就得临时编造，这就会导致说话时犹豫、口误、缺乏细节等。如果结合对方的表情加以分析，甚至可以得出这样的结论：他说的话连他自己都不相信。

当然，也有的说谎高手很少出现口误，但是绝对不会有人多次说谎而没有出现过一次口误。

说谎者的典型行为

说谎者常有以下典型行为：

1.说谎者常撇过头去

假设有这样一个场景：两个人在对话，一个人在述说，一个人在聆听。谈话过程中如果聆听者感到非常自在、有安全感，他会把头靠向对方，希望获得进一步的信息。如果他把头撇开，不面对对方，这就表示他想要避开这件让他不愉快、不舒服的事情。他可能会立即明显地把头撇开，也可能缓慢谨慎地后移。

要把这种动作与向左右两边微微地歪着头认真倾听区别开来。当我们听得兴味盎然时，会做出歪着头的姿势，这被认为是一种不设防的姿势，有所隐瞒的人不会做出这种姿势。

2.说谎者常避免接触

接触代表双方心理联系的亲近。当我们深信自己所言属实时，才会有触摸对方的行为。说假话的人极少或完全不会与对方有身体上的接触。

在作虚假陈述或在谈话中欺瞒别人时，说谎者极少会触摸对方。潜意识里，他通过减少亲近对方的动作来帮助他减少心中的罪恶感。以下行为也是说谎者常有的。

（1）说谎者常设置屏障。

要想知道一个人对于一个特定的话题是否感到自在，可以很容易地从他参与讨论的开放程度看出端倪。

说谎者害怕暴露的心理，常常表现在谈话时利用枕头、酒杯等作为隔开与对方之间的屏障。他下意识地想通过障碍物保护自己免遭言辞的炮轰，这也代表欺骗或企图遮掩。

通过观察可以得知，有些公司的老总，总会在自己的办公桌上堆放很多东西，即使没有堆放东西，当下属向他报告有关劳工纠纷、产品瑕疵等令人不舒服的问题时，他也会把一个咖啡杯放在他们两人之间的桌上，然后装作漫不经心、无意识地听下属说话。

（2）说谎者经常寻找自我庇护的位置。

说谎者如果站着，他会把背靠在墙壁上；如果是在室内，当说谎者感到不自在时，他可能会把身体面对或移向出口的方向。

说谎者之所以有这些反应，是因为他的心理状态已经显露于外，转而想在身体上寻求庇护。如果对方想要进行谎言揭穿，他要确保自己是处于能够清楚看见对方下一招是什么的位置。

真相就在你的细微观察之中

只有善于观察细节，才能发现真相，识谎的时候一定不要放过以下行为细节：

1.说谎者爱藏起手指

呈现出手指上的动作，代表坚定的信念、权威的论点，而说谎者很少会用手指着别人或指向空中。一个立场不坚定、所持论点经不起推敲的人，是不可能做出很多手指上的动作的。

此外，说谎者还藏起手指以避免他人发现自己的真实想法。克格勃出身的普京在非正式的场合都会选择把手隐藏起来，这样能避免多余的手势泄露自己的情绪或者态度的变化。

2.说谎者的姿势不够自信

当人们对情况或谈话很有信心，且所说的话完全属实时，他们会站直或坐直，无意中肩膀就会往后靠。因说谎而没有安全的人，多缺乏自信，在身体姿势上多表现为弯腰驼背或把手插在口袋里。

这种姿势上的不自信，来自于内心的担心和恐惧，他们惧怕谎言被识破。

3.说谎者常移动身体或走开

说谎的人不会采取面对面摊牌的做法，只有急欲反驳恶意中伤自己的人，才会采取这种做法。说谎者心理上是处于劣势的，表现在行为中可能是移动身体或走开。

FBI指出，当一个人对于自己的想法非常热切，且想要说服另一个人时，就会把身体靠向对方。说谎者不会有靠近对方的举动，甚至不愿面对指控的威胁；反而会侧着身子，或整个人转过身去，极少采取面对面的交谈。

第六章　有趣的心理测试，测测自己的心理

现在网上有许多心理测试，可以对你的各个方面都进行有趣的评估。在本章中，笔者精选了一些心理测试题，通过这些测试，你可以对自己有更深一层的了解，这些测试准不准呢？试试便知。

一系列爱情心理测试题

1.寻找走失的情人看你的爱情观

你与情人去爬山，一不小心走失了，你找不到他，他也找不到你，最后你会采取什么行动？

A. 找一个可以休息的地方，等待对方来找你

B. 一定会把对方找到

C. 不相信会走失，因此慢慢闲逛看风景，等待对方找到自己

D. 报警，让警察来帮忙找对方

2.走姿观男人

从"走姿"观察人，世界各国古已有之。观察一个男人怎样走路，

并从走姿中透视其内心,你肯定会觉得妙趣横生。

A. 步伐急促的男人

B. 步伐平缓的男人

C. 身体前倾的男人

D. 军事步伐的男人

E. 踱方步的男人

3.你会不会旧情重燃

爱情这回事,分分合合,聚散无常。同是有情人,有时面对感情的破裂或意外的压力,却不得不选择分手这条路。虽然两个人已各奔东西,但往日的那份柔情却常留心底,时不时勾起伤心的回忆。但是,这就命已注定了么?其实不然,既然世间上有许多人离婚又复婚,那么,业已分开的一对恋人,某一方突然回心转意再次出现在昔日恋人的面前,这种可能性也非常之大。或者,纯属机缘巧合,两个人再次出现在彼此的视野中。

问题:假如你遇到这种情况,你平静已久的心潮再度泛起涟漪之际,是接受还是拒绝,是旧情复燃还是破镜难圆,你恐怕决心难下吧?我们为你列出下列图形,由你的选择不难窥知你真正的心意,助你做出明智的决断。

A. 三角形物体

B. 方形物体

C. 圆形物体

D. 圆柱形物体

4.探测你的心机

晴空高照的日子,是最适合出游的。假如,你和你的朋友漫步在森林之中,无意中发现了一间隐藏在林中的建筑物,凭你的直觉,你会认为这是何种建筑物?

A. 小木屋

B. 宫殿

C. 城堡

D. 平房住家

5.哪类女孩是你的情敌

如果有机会当歌手,你希望成为哪一类型的歌手?

A. 玉女歌手

B. 创作歌手

C. 性感歌手

D. 前卫歌手

6.从胆量看你的爱情结局

爱情一种勇敢者的游戏,你的爱情商数高不高,会直接影响到爱情大结局。

蹦极挺危险的,又譬如高空跳伞,也很刺激,你会去尝试吗?

A. 打死我,我都不去

B. 虽然很怕,却硬着头皮试试看

C. 既然有人敢做,我也做吧

D. 假装有心脏病

7.星座情场赌博

情场上的赌博有好几种,有的是输得惨兮兮,舍不得情场,照样再赌下一场;有的不赌则已,一赌就要把一辈子的幸福给全盘押下;有的赌赢了,念念不忘赢的滋味,还想大胆地再去赌一局。你的情场赌性如何?不妨作个测验吧。当你在写情书时,最后的结语你想写上下面的哪一句话?

A. 我无时无刻不在想着你

B. 今生今世你是我的最爱

C. 但愿每天都能陪在你身边

D. 千言万语难以倾诉我的爱

8.你的想法独特吗

有一天，当你在餐厅吃饭的时候，听到柜台里的服务生在惊慌地交头接耳，说有一颗炸弹被放在餐厅中，你认为歹徒会把这颗炸弹放在什么地方呢？

A. 厨房

B. 客人座位

C. 餐厅门口

D. 厕所

9.你对爱情忠诚吗

当你在公园里散步时，看见一位长相不错的异性坐在长椅上沉思，你会联想到什么呢？

A. 你会仿佛没有看见一般，从他身边走过

B. 你会想：他是一个人吗，是否在等人？

C. 你会想：他是否有烦恼？看起来好可怜

D. 你会想：他一定是不受女人欢迎的大男人

10.你是个多嘴的人吗

如果把兰花比做女人，你会以什么花比喻男人？

A. 天堂鸟

B. 荷花

C. 菊花

D. 火鹤花

11.你有怎样的恐惧症

这是一个五岁小女孩的梦,小女孩的母亲牵着小女孩的手走着,但就在女孩采摘开在路旁的蒲公英时,母亲却逐渐愈走愈远。女孩急急忙忙想追上母亲,但不知道为什么双脚却不听使唤。于是女孩大声叫:"妈妈!"请问,你认为在梦中的这位母亲会有什么反应呢?

A. 没注意到小女孩的叫声,继续愈走愈远

B. 立刻回头,跑到小女孩的身边,抚摸她的头

C. 停下脚步,并回头向小孩挥手,示意她"快点过来"

12.酒与爱情

深夜,在酒吧的柜台前,年轻男女喝着鸡尾酒。猜猜看他们正在喝什么酒?

A. 美丽的红色基尔酒

B. 神秘的蓝色蓝带吉利

C. 光艳的黄色贵妇人酒

13.吃玉米看个性

你通常是怎样吃玉米的?

A. 由上往下啃来吃

B. 从中间下口

C. 折为两半再吃

D. 切成小块再吃

14.选择座椅和生活品位

你打算在度假别墅之内添一套座椅,你会选择什么材质的?

A. 木制椅

B. 藤制椅

C. 绒毛椅

D. 真皮椅

爱情心理测试答案：

1.寻找走失的情人看你的爱情观

A. 你需要一个明智体贴的情人，帮助你们建立一个良好的关系，因为你多半是处于被动的地位，如果你遇到无理取闹的情人，你很难处理两人之间的关系，多会采取逃避的态度。

B. 你对爱情非常执着，从来没有自己的生活空间，将全部的关怀放在所爱的人身上，有时过分干涉对方使对方无法消受，而你却又难免感到委屈而牢骚满腹，因此建议你爱得轻松一些，给彼此一点空间吧。

C. 你将男女之间的感情看得很轻松，有充分的自信及安全感，从来不担心失去情人，仿佛他对你忠心耿耿。你的爱情带着孩子的顽皮及幽默，只是应当注意一些对方的感受，以免情人认为你爱得不够认真。

D. 当你们两人感情出现问题时，你总希望找到第三者来帮忙，弥补能力不足，并且成为两人之间的桥梁。你使用的方法很好，但是要注意这第三者的能力是否足够，否则过度依赖一位无用的第三者反而使自己更倒霉。

2.走姿观男人

A. 这类男人是典型的行动主义者，大多精力充沛、精明能干，敢于面对现实生活中的各种挑战，适应能力特别强，尤其是凡事讲求效率，从不拖泥带水。

B. 这类男人走路时总是一副慢腾腾的样子，别人无论说得如何急他都不在乎似的，这是典型的现实主义派。他们凡事讲求稳重，凡事"三思而后行",绝不好高骛远。

如果他们在事业上得到提拔和重视的话,也许并不是因为他们有什么"后台",而是他们那种务实的精神给自己创造的条件。

C. 有的男人走路时习惯于身体向前倾斜甚至看上去像猫着腰。这类人的性格大多较温柔和内向,见到漂亮的女性时多半要脸红,但他们为人谦虚,一般都有良好的自身修养。

他们从不花言巧语,非常珍惜自己的友谊和感情,只是平常不苟言笑。较之其他类型的人来说,他们总是受害最多,而且不愿向人倾诉,一个人生闷气。

D. 走路如同上军操,步伐整齐,双手有规则地摆动。这种男人意志力较强,对自己的信念非常专注,他们选定的目标一般不会因外在的环境和事物的变化而受影响。

这种男人往往最让女人欢心也最让女人讨厌,因为他们一旦看上某个女人,就会非缠到手不可,只要你答应他,他愿意每天拉着人力车来接送你。

这类人如果能充分发挥自己的长处,一定收效颇丰,因为他们对事业的执着是其他类型的人不可比拟的。但如果你的上司是这种人的话,你的日子可就不好受了,很多时候你会"吃不了兜着走",因为他们一般都比较"独裁",而且有时候甚至会不惜牺牲任何东西去达成他个人的理想和目标。

E. 迈着这种步子的男人是非常稳重的,他们认为面对任何困难事情时,最重要的是保持清醒的头脑,不希望被任何带有感情色彩的东西左右了自己的判断力和分析力。

这种男人有时也觉得累,为了保持自己的尊严,他们很难在人前笑口常开,这是他们的准则。

他们对自己的身体形态进行严格控制,虽然别人敬畏他们,可他们在一人独处时却感到压抑。因为这种人涉世极深,了解人情冷暖。

3.你会不会旧情重燃?

A. 其实，你的心底泛起的，不是对他的爱，而是对旧日情怀的依恋。选择 A，已说明你对他不再有任何感觉，即使能暂时同他在一起，你们仍免不了重蹈覆辙，还是别自欺欺人为上。要当心的是，对方完全有可能是故意设下一个温柔的陷阱，企图打动你的心，扰乱你的生活步调。你千万不要滥施同情心，一旦再次陷入对方的圈套，付出的代价可就大了。所谓天涯何处无芳草，你不该好马又吃回头草的——不管他是真的也好，假的也罢。

B. 表明你心中仍对他存有爱意，甚至你早已后悔了当初同他分手。如今既然他出现在你面前，说明对方也是心怀旧情，你们重归于好的希望甚大！尽管当初分手，有错的一方在你，但是他仍然如此依恋你，表明你具有无限魅力，令对方欲罢不能。不过，在今后的岁月里，你就应当小心谨慎，好好珍惜这份重回的爱！

C. 看来，你是准备重新接纳他啦！虽往事不堪回首，但痴情又宽容的你对他的爱依旧很深，而且感动了他，相信你会好好对待他的！有了前次的教训，你不妨转守为攻，在爱情上积极一点也未尝不可。想必你们的生活会比以前更加如鱼得水，真是可喜可贺！

D. 首先可以肯定的是，你们从前的分手，绝对不是双方都愿意的；或许，没有他的这段日子，只是老天对你们双方的考验而已。现在破镜即将重圆，你们牵手的时间也快了！还有，你的亲友们已听够了你们冗长的爱情秘事，最好还是早择佳期成婚，别再拖拖沓沓的为妙，你不否认吧?

4.探测你的心机

A. 选择小木屋的人：你是一个能忍别人所不能忍的人，宽大的心胸使你对任何事物都抱着以和为贵的态度，基本上你就是一个完美的人。

B.选择宫殿的人：你是一个思路极细的人，对于身边的事物都能有良好的安排，凡事都在你的掌握之中，虽说不上城府极深，但对于复杂的人际关系却能处理得很好，如鱼得水。

C.选择城堡的人：你可说是20本世纪最厉害的人际高手，你比选宫殿的人对事物的观察更敏锐，更能看透人心，在这方面别人总是望尘莫及，而你也一直以此自豪，乐此不疲。

D.选择平房住家的人：你是一个生平无大志的人，也没有什么企图心，虽然对周围的感应能力并不差，但你凡事仅抱着一颗平常心，这种人最大的好处就是平凡，没有烦恼压力。

5.哪类女孩是你的情敌

A.外表天真无邪、清纯可爱，而且说话细声细气的女孩就是你爱情路上的宿敌。事实上这种女孩大有可能是假装纯情，"万人迷"才是她的真正身份，如果你男朋友身边有这样的女孩，那就敬请小心了。

B.你本身是个没有心机的人，而且更认为有男友便万事足，故此头脑精明的女孩子很容易令你黯然失色。如果她只有理论而没有实践还好一点，否则还是把你的男朋友看紧一点，以免被人抢走。

C.天使面孔、魔鬼身材的她，压根儿就不把你放在眼内，而且更有心把你的男朋友抢过去，不过不用怕，这种女人不会钟情于一个男人，时间久一点她便会转移目标。

D.处事死板的你，绝对会令那些行为放任嚣张、自由散漫的女孩子有机可乘，因为她们有你所欠缺的浪漫感觉，故此会吸引你的恋人，你应对症下药，否则后果自负。

6.从胆量看你的爱情结局

A.你有十足的理性，但对爱情容易封闭自己，很怕会吃亏，一眼望去给人的印象是不太开朗，所以很可能在感情上遭到封杀。在此建议你，有时候不要想得太多，勇敢一点，你会觉得事情可不如想象来得恐怖。

B.勇于尝试是你的优点,因此你只要喜欢一个人就会传出信息让他知道,明明他有女朋友,你也不管。感情用事,使你的情绪不太稳定,喜欢时很喜欢,一旦兴趣缺失了,你可能就半途而废,所以既然喜欢他,也采取行动了,就不妨勇敢地努力下去,也许会有成果。

C.你在感情上绝对坦白,也是爱情的常胜将军,但有时就是太有自信了,反而把一些男人吓走,所以最好试试欲擒故纵,或若即若离来吊对方的胃口。

D.做什么事总要找个借口,好面子,有时会害死你的。在爱情上如果借口太多,会使你得不到情人的信任,要小心使用借口哦!

7.星座情场赌博

A.你可能是个快手下注的人,锁定好目标就赌下去,要是输了,很快找寻下一场来赌(有着白羊座、狮子座和射手座的特质)。

B.你不太敢赌,因为你怕输,可是万一随着交往时日的累积而决定一赌,就会一把下注很大(有着巨蟹座、天蝎座和双鱼座的特质)。

C.你的赌性有韧性,不到最后胜负底牌的分晓,绝不轻言半途而废,还好不会一下子赌太大(有着金牛座、处女座和摩羯座的特质)。

D.你往往会先衡量胜算的概率有多大,再来斟酌应该下多大的注,不会一赌头脑就昏(有着双子座、天秤座和水瓶座的特质)。

8.你的想法独特吗

A.你常常会想出一些馊主意,让大家听了喷饭跌倒。你的想法属于挺诡异那一类型的,所以就算有人欣赏你的点子,也大多不太敢附议。不过,你对于自己还是充满自信。其实,你的点子都很新颖,但若是用在别的地方可能会更恰当,所以请不要放弃,相信你的那些鬼主意迟早有派上用场的一天。

B.你的想法很实在,做事的方式也很循规蹈矩。一旦有一点点超离常规，你自己就开始很紧张，生怕会有人来揪出你的罪行。在你的心中有一把道德的尺，衡量着自己，也不时打量着别人。渐渐地，你的生活就变得十分规律。

C. 你的思考模式很单纯，不会有什么奇怪的想法，而且因为你老是觉得别人比你厉害，所以常常会先听人家怎么说，你才开口。这样谦逊的态度，当然会让你成为每个人的好朋友，大家无论做什么事情都不会忘了你，但是因为你的配合度太高了，人又过于随和，久而久之，就会失去自己的个性，忽略了自己内心的声音。

D. 你的思考非常缜密，常常会考虑到很多细节，所以想事情的速度很慢，当大家都已经进入到下一个话题了，你才冒出一句没头没脑的话。可是因为你说的话都很有道理，所以让每个人都不得不重视。你充满了锲而不舍的精神，什么事都会坚持到最后一秒钟，就算不被人理解，你还是会静心等待，一有机会就表达自己的看法。

9.你对爱情忠诚吗

A. 你不易有外遇，对目前的情人相当满足，除非你的情人与你之间的感情有变，同时又有抢手的异性追求，在双重压力下才会有变化。因为你的个性不易移情别恋，忠诚度相当高，所以在婚前最好再确认你的他是可靠的人。

B. 你的爱情忠诚度相当高，不过你与答案 A 不同之处是，你比较善于观察别人，不会将爱情托付给一个不值得爱的人。你不仅有忠诚度，也懂得掌握幸福婚姻，是个体贴又善解人意的人。

C. 你的答案里充满了同情心，虽然对爱情忠实，也难免因为同情心与多情，而卷进一些男女是非之中，当然也有可能使你不得不移情别恋。你是很好的朋友，当遇到机会时，总会使爱情的忠诚度打折扣。

D. 你的答案里虽然有许多防御之心，但它却是来自潜意识里的好奇心。你对其他各种类型的异性仍充满好奇。即使你很爱目前的情人，忠诚度很高，但是当时间久了，爱情褪色时，机会来到，你也不会放过外遇的机会。如果你的他是很理想的对象，好好反省自己，收收心吧！

10.你是个多嘴的人吗

A. 你虽然平日不善言辞，但是往往得出一针见血的结论，也因为你深藏不露，反而一说话就引起大家的高度重视，真所谓"会咬人的狗不吠"。

B. 你属于深思慎行的胆小鬼，只会对着镜子装模作样，假日还偷偷跑去口才训练班，等到真的要正式发表意见时，又"八竿子打不出一个屁"来，小心，别得自闭症。

C. 有你在的地方就有热闹，而且保证绝无冷场，你的话蛮多的，尤其是遇上话题投机的人，简直是天雷勾动地火，叽叽喳喳聊个没完。不过你还不算是令人嫌恶的长舌族，因为你颇知节制，而且会看人说话，一般来说，你是个很好的聊天对象。

D. 你的话也过多了一点，而且老爱打听别人的隐私，节制一下你的嘴巴，你已经因为长舌得罪很多人，好自为之。

11.你有怎样的恐惧症

A. 选A的人，倾向广场恐惧症。在潜意识里对分离感到不安。或许你的幼年期断奶断得比较早，导致对于离开心爱的东西会感到恐惧。由于比一般人更害怕孤独，因此，一旦置身于空旷的地方，便会产生强烈的孤独和不安。相信只要找到一位能够保护你，让你感到安心的恋人，你应该就不会再对广场感到恐惧。

B. 选B的人，正好相反，有密室恐惧症的倾向。此答案显示你在幼年时期受到过母亲过分的保护。受到母亲过分的疼爱虽然不错，但相对的，却丧失了主体性。因此，你心理上感到不安，害怕完全被母亲控制。此种窒息感便以密室恐怖的形态出现。建议你必须训练自己独立，以取得自己的主体性。

C. 选 C 的人，是属于正常的人，和母亲之间有适当的距离。表示你从幼年期开始便和双亲之间维持着稳定的心理关系。换句话说，至少你对空间不会感到恐惧。

12.酒与爱情

A. 完全投入型。你绝对不喜欢无趣的人，而这一点反而成为你的危险因素。即使你平时是慎重的人，你一旦喜欢上一个人就会全心投入，甚至为了他，一切都可以抛弃。不管周围的人怎么劝你，你都刹不住。这样的人一旦做出傻事，恐怕会有非常悲惨的结局。

B. 陶醉型。你容易陶醉在甜美的气氛中，为恋而恋。一旦恋爱，就会心驰神往，心中充满不切实际、甜蜜的渴望。特别是女性，总是做浪漫的梦。若是男性，则有点好虚荣，先入为主地有一种"恋爱应该是这样"的幻想，有时会使对方为难。

C. 自我抑制型。你的情形是，喜欢上一个人，而且很快被他吸引，但之后会不知不觉地开始冷静地看待对方。你的性格现实而不太浪漫，但这并非代表你不喜欢他。你对异性的戒心过强，对方一靠近你，你反而要疏远他。你应该调整好自己的情绪，喜欢就应相信自己的心，并展开攻势，要有勇气把自己的热情表现出来。

13.吃玉米看个性

A. 你是个不拘小节的人，只要你喜欢没有什么不可以，所以也不会在乎别人的看法、想法，想做就去做，别人眼中的你是个充满活力、积极、有行动力的人，凡事一定打头阵地率先行动。

B. 很多人属于这种吃法。平常与人相处都保持距离，不会去侵犯他人的隐私权，也有能力保护自己，通常都不会自己贸然行动，看看别人怎样后才作决定。

C. 一般女孩子多属于此类型，属于比较谨慎的人，时时都很在意别人的目光，所以也不喜欢引人注目，当然在团体中较不会表达自己的意见，内向而顺从。

D.你是个很神经质的人，非常情绪化，总是让人摸不准你的脾气，由于喜欢追求物质上的享受，所以显得虚荣而浪费，东西都要吃好的、用好的，储蓄对你来说似乎是不太可能的事情。

14.选择座椅和生活品位

A.你是一个颇注重生活情趣的人，宁愿牺牲佳肴、华服，也不愿放弃一场演唱会或音乐会。说穿了，你有点自命清高，但是很遗憾，你想找个知音还真不容易呢！

B.你对物质生活比较在意，但也不放弃精神生活的充实，但是如果两者相冲突时，你还是会考虑物质上的问题。你这个人有一点吝啬，但是又好面子，个性上有许多矛盾之处。

C.你是标准的"空壳子"，没钱也喜欢摆阔，对你而言，精神生活是多余的，物质生活上的追求才是你终生的志向，哎呀！你有点俗气哦！

D.你的精神生活很独特，你对于一般时下流行的东西不感兴趣，却陶醉在你认为有价值的艺术里。你的物质生活倒是一向很充裕，你很少担心这一类的问题。

你是哪种魔鬼

1.在讨论区中，如果有人对你所发表的言论大力吐槽，甚至口出恶言，你的反应会是：

A.大家都有言论自由，随便他！——到第2题

B.心里超不爽，不过还是得维持风度，留言请他自重好了。——

到第 3 题

C. 搞什么？居然敢骂我，当然一定要骂回去！——到第 4 题

D. 叫网友在网络上一起围剿他。——到第 2 题

2. 在 KTV 欢唱得正高兴时，麦克风突然失灵了，声音忽有忽灭，气氛马上冷了下来，这时你会：

A. 应该是线路有问题，大家赶快动手检查看看。——到第 3 题

B. 是谁在搞鬼？一定是在场的人故意捣乱！——到第 5 题

C. 太过分了！叫服务员来，我要投诉！——到第 4 题

D. 算了，不唱了，真扫兴。——到第 6 题

3. 一阵子没联络的朋友最近出手变得很大方，和他出去他老是喜欢埋单请客，你的态度会是：

A. 哇！有个有钱的朋友真好！以后一定要好好保持联络。——到第 5 题

B. 坦白问他：你是不是中奖了？——到第 6 题

C. 感觉有点讨厌，大家做朋友干吗要搞阶级，你是看我穷是吧？——到第 5 题

D. 搞不好他是做了什么见不得人的勾当，还是保持距离比较妥当。——到第 6 题

4. 和某个网友相谈甚欢，决定约出来见见面聊聊天，但为了保险起见，还是约在公共场所见面比较安全，这时你会：

A. 兴高采烈，当然要穿戴整齐准时赴约！——到第 5 题

B. 怕对方找不到，我还是先到约定地点等着好了。——到第 5 题

C. 不怕一万，只怕万一，如果对方是恐龙怎么办？还是在旁边先验验货色再决定要不要现身。——到第 6 题

D. 没什么好躲躲藏藏的，能准时到就准时到吧！——到第 3 题

5. 今天网吧里的人很多，位置只剩下屏幕面向外边的那一个，来往行人对屏幕里的内容一览无余，这时你会选择：

A. 随便啦！有得玩比较重要！——到第 6 题

B. 那么烂的位置谁要坐！换一个啦！——到第 7 题

C. 既然进来了，实在不好意思说不要，忍耐一个小时好了。——到第 7 题

D. 这个位置不错啊！反正我又不怕人看，坐哪里有什么关系？——到第 8 题

6. 和心里有点喜欢的人出去喝咖啡，气候凉爽宜人，气氛正好。点单时，店员的态度十分恶劣，这时你会：

A. 心想：下次打死我也不来了！——到第 7 题

B. 搞什么！态度这么差，我也不会给你好脸色看的！——到第 7 题

C. 在喜欢的人面前还是保持风度吧，下次再给我碰到你就知道难看了！——到第 8 题

D. 冷冷地说："你的服务态度一向都这么好吗？"——到第 8 题

7. 为了看火星，你买了一台高倍数的望远镜，转着转着，不小心转到别人家去了，你会希望照到的地方是：

A. 这还用说，当然是有美女洗澡的浴室。——到第 8 题

B. 卧室！看看有没有激情画面可以欣赏。——到第 8 题

C. 我错了我错了！快点转开才对！——你是 F 等级魔鬼。

D. 欣赏欣赏别人家也不错，转到哪就看到哪吧！——你是 D 等级魔鬼。

8. 去购物时，因为人太多了，找钱时小姐不仅多找了你钱，甚至连你买的东西也顺便"升级"了，这时你会：

A. "升级"的东西不见得符合我的需要，东西当然还是要换回来比较好。——你是 E 等级魔鬼。

B. 钱找错了是她的不对，进我口袋的东西哪还有还回去的道理，叫她自作自受吧！——你是 B 等级魔鬼。

C. 干吗和自己过不去啊，能拿就拿，就当作今天是 Lucky Day，通通收下来吧！——你是 A 等级魔鬼。

D. 怎么可以为难人家呢？把东西还回去，顺便跟她要电话好了！——你是 C 等级魔鬼。

心理测试结果：

A 等级魔鬼：撒旦。

你是货真价实的坏胚子！或许你也曾经相信过人性本善，但是看多了人性丑陋的那一面后，你除了转而相信人性本恶之外，甚至还常常怂恿别人做坏事。

B 等级魔鬼：阿修罗。

其实你集善良和邪恶于一身，说得贴切一点，就像是"重道义的大哥"。你并不会随意为非作歹，大多数时候你只是为朋友兄弟出头而已，所以这样的个性倒是很受大家的欢迎呢！

C 等级魔鬼：阿里曼。

其实你并不能算是"恶魔"，大概只称得上是有点坏心眼而已。因为和真正的恶魔比起来，有时候你实在太过善良，但和天使比起来你又不够纯洁，不上不下的你，很可能在别人的怂恿之下做坏事喔！

D 等级魔鬼：开膛手杰克。

你心狠手辣，不高兴绝对不会藏在心里，有不爽一定要发泄出来。你的座右铭是"有仇必报"，虽然有时候也会耍点小手段，但大多时候总是可以让人感觉到你火辣辣的脾气。

E 等级魔鬼：鬼湿婆。

你这个人乍看之下似乎无毒无害，平常看起来也是一副道貌岸然的模样，但是只要踩到你的地雷、刺中你的要害，那么你很可能就立刻翻脸不认人，立刻发狂。情绪的落差太大，让人怕怕啊！

F 等级魔鬼：绿魔女。

你的个性就是那么古灵精怪，如果这个特质可以好好发挥的话，或许你也能成为天使也不一定；不过你偏偏要步入歧途，老是爱用自己的小聪明捉弄别人，小心啊，聪明也有被聪明误的一天！

测测你会多久厌倦一个人

1. 你有把零钱放入钱筒的习惯吗？
是——前进至 3，否——前进至 2
2. 你就算熬夜也依然光鲜靓丽？
是——前进至 4，否——前进至 7
3. 你很想或曾经去过迪士尼乐园？
是——前进至 6，否——前进至 5
4. 你喜欢的异性类型都很相似？
是——前进至 7，否——前进至 6
5. 最近你很少看电影，只看影带、影碟？
是——前进至 9，否——前进至 8
6. 你自认和另一半的母亲能处得来？
是——前进至 8，否——前进至 9
7. 你会买新出品的东西来吃？
是——前进至 11，否——前进至 10
8. 你不相信超能力？
是——前进至 12，否——前进至 13
9. 你家有电暖器？
是——前进至 12，否——前进至 13
10. 你认为忠心已经落伍了？
是——前进至 13，否——前进至 14

11. 最近你认识了很好的同性朋友？

是——前进至 13，否——前进至 14

12. 你的房间塞了很多东西？

是——前进至 19，否——前进至 15

13. 内衣裤每天一定换洗？

是——前进至 16，否——前进至 15

14. 你没有什么恒心写日记？

是——前进至 17，否——前进至 16

15. 你的穿着蛮随便？

是——A 类型，否——前进至 18

16. 你一定会买排行榜歌曲？

是——前进至 20，否——前进至 19

17. 你的东西常遗失？

是——E 类型，否——前进至 20

18. 你有一些绒毛娃娃？

是——A 类型，否——B 类型

19. 看推理剧时你都能猜到犯人是谁？

是——C 类型，否——B 类型

20. 你想学滑雪？

是——E 类型，否——D 类型

心理测试结果：

A 类型：你是个观察力敏锐、感受力丰富的人，季节变化或别人的举手投足都能拨动你的情绪，很容易就跟着别人的旋律起舞，在别人眼中看来是个蛮情绪化的人。感情方面，由于你敏感度很强，和对方交往一阵子后，就能看清对方的本性，尽管无法忍受对方的缺点及不完美，最后只好说再见了，从认识到分手差不多只有半年！

B 类型：你是个神经很细且温柔体贴的人，对自己的第六感很有自信，凡事都用直觉判断，对于第一次见面的人，如果凭直觉不喜欢的话，就会很主观地拒绝对方，属于好恶感很重的人。这样的你在选择对象时也一样，一见面若看不顺眼，就绝不给对方机会，即使别人告诉你这个人不错，你也宁愿相信自己的第六感，向来是一眼即定对方生死，倦怠期大约是三个月。

C 类型：你是个安定的人，工作上也不会想出人头地，只要稳定就好。从某些角度来看或许是消极了点，但所谓平凡就是福，这样也没什么不好！找对象时，你也会找那种"一劳永逸"型的人，最好是恋爱谈一谈就可以结婚，不要分手还要再找别的，这样实在太伤神也太伤心了。你谈恋爱的倦怠期大约是两年，如果想结婚，可要在两年之内喔！

D 类型：你是个聪明、能够洞察人心的人，不用等别人开口，就可以解读别人的心思，帮人把事情做好，这也为你赢得了许多人的喜爱，仿佛是别人肚子里的蛔虫一样。这样的你能够和任何人相处，因为别人要出什么招你都先知道了，这也让你成为恋爱高手，你的恋爱倦怠期视你的心情而不同，有长有短。

E 类型：你对人很和善、亲切，即使是第一次见面的人，都会先和对方打招呼，让别人备感暖心。在公司中，你对新进人员也很好，会尽量照顾、帮助他们，是人人眼中的好前辈。感情方面，你对爱情有很大的憧憬，把爱情想得很美、很甜蜜，只要一谈起恋爱，总会把爱情美化了，但过了一段时间之后就逐渐冷却、褪色，你的恋爱倦怠期大约是一年。

从发短信看你的致命弱点

想知道你有什么弱点吗？来做做下面的测试吧。

1. 你有没有尝试过自己编辑一些搞笑或煽情的短信？

有过——前进至 2

没有——前进至 3

2. 当你收到朋友发来的搞笑短信时，通常会：

一笑置之——前进至 4

感到很无聊——前进至 5

如果确实很有意思，会转发给其他朋友——前进至 3

3. 你对发短信表白的方式怎么看？

比起当面表白可能带来的尴尬，这样子更加含蓄、浪漫一些——前进至 6

这是缺乏勇气的表现——前进至 4

4. 发短信时经常会用到语气词，你通常会使用哪个字来表示肯定的意味呢？

嗯或啊——前进至 6

哦或噢——前进至 5

5. 在临睡前发发短信，你比较习惯哪种方式？

发完短信再上床睡觉——前进至 7

躺在床上发短信——前进至 6

6. 晚上和朋友发短信聊天，总会记得道一声晚安或类似的结束语吗？

是的——前进至 8

不是，常常发着发着短信就睡着——前进至 7

7. 你常常会忘记删除，使得信箱里塞满了短信吗？

是的——前进至 8

不是，我会记得定期删除一些没有用的短信——前进至 9

8. 你发短信时通常？

一只手同时抓着手机和按键——前进至 9

一只手扶着手机，另一只手按键——前进至 11

两手同时抓着手机和按键——前进至 10

9. 你感到很无聊时，比较偏好于用哪种方式向朋友或恋人倾诉？

打电话——前进至 10

发短信——前进至 11

10. 你是不是常常发短信发到一半就感到很不耐烦，转而打电话呢？

是的——前进至 12

这种情况很少出现——前进至 13

11. 如果有不认识的人发短信向你表白，你会？

打电话回去询问对方是谁——前进至 12

发短信询问——前进至 14

什么也不问，先和对方聊聊再说——前进至 13

12. 收到明显是发错了而且绝无恶意的短信时，你会？

置之不理——A

会好心回复提醒一下——前进至 14

13. 你的短信铃声是？

手机自带的——前进至 12

自己设置的或喜欢的铃声——B

14. 你没事的时候喜欢翻看自己以前发过或收到的短信吗？

是的——C

不是——D

心理测试结果：

A 致命弱点——失去的情感。与其说你对待感情太过执着，倒不如说你是有点执迷不悟。你从来不肯主动地放弃，虽然理智上你明白感情已不再，但是在情感上，就是不肯承认这个现实，非要钻牛角尖不可。你也许会很长一段时间都独自沉浸在失恋的痛苦中，也许会把痛苦转为疯狂的报复行为。你一旦爱上一个人，他就会成为你的全部，你会甘心情愿为对方付出一切，当然，也会不惜伤害自己和他人。其实，爱情并不是人生的全部，当爱已不在，能够潇洒地放手，放过别人的同时，最重要的是也放了自己一条生路，毕竟，我们应该为自己而活，不是吗？

B 致命弱点——坏脾气。你的脾气真的是很冲，而且从来不知道加以掩饰。你心情好的时候，看人就会格外顺眼，而且对人是出奇的好。要是你心情不爽，就会把一张脸耷拉到老长，而且在你的四周会散发出一股阴冷之气。这还好呢，要是赶上你心情极差时触怒了你，你可一定会不分场合地发作一番。这样很容易得罪人的！虽然你只是性子直了点，并没有坏心眼，但是碰到心胸狭窄的人，很可能会怀恨在心，背后捅你一刀。要明白，这世界不是围绕着你一个人转的，也要懂得站在别人的角度想一想。再说，"己所不欲，勿施于人"你真的做到了吗？

C 致命弱点——半途而废。现在，不妨思量一下，你的人生到现在为止，有几件事真正做到了善始善终，是不是屈指可数呢？你的脑袋够聪明，也有足够的热情，但可惜，只有三分钟热度。你的性格很善变，常常是事情进行不到一半，就觉得索然无味，而且又很任性，不喜欢了，想都不想就放弃。对人也是如此，刚开始还很要好的朋友，过不了多久，就会厌倦对方，到最后只能形同陌路。不信的话，看看身边的朋友，有几个是相交多年的呢？喜新厌旧是本性的东西，很难改变，但是，自己做的事，就要勇于承担后果。坚持到底也是一种责任心的体现，一个没有责任心的人，最终恐怕会一事无成的噢！

D 致命弱点——优柔寡断。你做事情欠缺果断，总是会瞻前顾后，即使是一件并不太大的事，你也要在事前仔细思量，设想到各种可能性，再联系经验、理论好好地斟酌一番，到了这一步，你竟然还没有拿定主意。虽说要三思而后行，但是像你这样五思、六思都过了，可就不是谨慎，而是优柔寡断了。这样下去，再好的机会也要与你擦肩而过了。其实，你对自己还是蛮有信心的，但是，究其根源，你并不清楚地知道自己要的是什么，也不知道该如何把握你的未来。趁着还年轻，赶紧好好地为将来打算一下吧，否则，很容易被人牵着鼻子走的。

著名心理测试

本心理测试是以中国现代心理研究所以著名的美国兰德公司（战略研究所）拟制的一套经典心理测试题为蓝本，根据中国人的心理特点加以适当改造后形成的，目前已被一些著名大公司，如联想、长虹、海尔公司作为对员工心理测试的重要辅助试卷，据说效果很好。现在已经有人建议将其作为对公务员的必选辅助心理测试推广使用。快来测试一下，很准的！

注意：每题只能选择一个答案，应为你第一印象的答案，把相应答案的分值加在一起为得分。

1. 你更喜欢吃哪种水果？

   A. 草莓——2分

   B. 苹果——3分

   C. 西瓜——5分

   D. 菠萝——10分

   E. 橘子——15分

2. 你平时休闲经常去的地方是：

   A. 郊外——2分

   B. 电影院——3分

   C. 公园——5分

   D. 商场——10分

   E. 酒吧——15分

F. 练歌房——20 分

3. 你认为容易吸引你的人是：

A. 有才气的人——2 分

B. 依赖你的人——3 分

C. 优雅的人——5 分

D. 善良的人——10 分

E. 性情豪放的人——15 分

4. 如果你可以成为一种动物，你希望自己是哪种？

A. 猫——2 分

B. 马——3 分

C. 大象——5 分

D. 猴子——10 分

E. 狗——15 分

F. 狮子——20 分

5. 天气很热，你更愿意选择什么方式解暑？

A. 游泳——5 分

B. 喝冷饮——10 分

C. 开空调——15 分

6. 如果必须与一个你讨厌的动物或昆虫在一起生活，你能容忍哪一个？

A. 蛇——2 分

B. 猪——5 分

C. 老鼠——10 分

D. 苍蝇——15 分

7. 你喜欢看哪类电影、电视剧？

A. 悬疑推理类——2 分

B. 童话神话类——3 分

C. 自然科学类——5分

D. 伦理道德类——10分

E. 战争枪战类——15分

8. 以下哪个是你身边必带的物品？

A. 打火机——2分

B. 口红——2分

C. 记事本——3分

D. 纸巾——5分

E. 手机——10分

9. 你出行时喜欢坐什么交通工具？

A. 火车——2分

B. 自行车——3分

C. 汽车——5分

D. 飞机——10分

E. 步行——15分

10. 以下颜色你更喜欢哪种？

A. 紫——2分

B. 黑——3分

C. 蓝——5分

D. 白——8分

E. 黄——12分

F. 红——15分

11. 下列运动中挑选一个你最喜欢的（不一定擅长）。

A. 瑜伽——2分

B. 自行车——3分

C. 乒乓球——5分

D. 拳击——8分

E. 足球——10

F. 蹦极——15 分

12. 如果你拥有一座别墅，你认为它应当建在哪里？

A. 湖边——2 分

B. 草原——3 分

C. 海边——5 分

D. 森林——10 分

E. 城中区——15 分

13. 你更喜欢以下哪种天气现象？

A. 雪——2 分

B. 风——3 分

C. 雨——5 分

D. 雾——10 分

E. 雷电——15 分

14. 你希望自己的窗口在一座三十层大楼的第几层？

A. 七层——2 分

B. 一层——3 分

C. 二十三层——5 分

D. 十八层——10 分

E. 三十层——15 分

15. 你认为自己更喜欢在以下哪个城市中生活？

A. 丽江——1 分

B. 拉萨——3 分

C. 昆明——5 分

D. 西安——8 分

E. 杭州——10 分

F. 北京——15 分

答案：

180分以上：意志力强，头脑冷静，有较强的领导欲，事业心强，不达目的不罢休。你外表和善，内心自傲，对有利于自己的人际关系比较看重，有时显得性格急躁，咄咄逼人，得理不饶人，不利于自己时顽强抗争，不轻易认输。思维理性，对爱情和婚姻的看法很现实，对金钱的欲望一般。

140分至179分：聪明，性格活泼，人缘好，善于交朋友，心机较深。事业心强，渴望成功。思维较理性，崇尚爱情，但当爱情与婚姻发生冲突时会选择有利于自己的婚姻。金钱欲望强烈。

100分至139分：爱幻想，思维较感性，以是否与自己投缘为标准来选择朋友。性格显得较孤傲，有时较急躁，有时优柔寡断。事业心较强，喜欢有创造性的工作，不喜欢按常规办事。性格倔强，言语犀利，不善于妥协。崇尚浪漫的爱情，但想法往往不合实际。金钱欲望一般。

70分至99分：好奇心强，喜欢冒险，人缘较好。事业心一般，对待工作随遇而安，善于妥协。善于发现有趣的事情，但耐心较差，敢于冒险，但有时较胆小。渴望浪漫的爱情，但对婚姻的要求比较现实。不善理财。

40分至69分：性情温良，重友谊，性格踏实稳重，但有时也比较狡黠。你的事业心一般，对本职工作能认真对待，但对自己专业以外的事物没有太大兴趣，喜欢有规律的工作和生活，不喜欢冒险，家庭观念强，比较善于理财。

40分以下：散漫，爱玩，富于幻想。你聪明机灵，待人热情，爱交朋友，但对朋友没有严格的选择标准。事业心较差，更善于享受生活，意志力和耐心都较差，我行我素。有较强的异性缘，但对爱情不够坚持认真，容易妥协。没有财产观念。

下篇

微反应心理学实践篇

第七章　举手投足间，性格自然知

> 俗语说：窥一斑而知全豹，一叶落而知天下秋。生活习惯能够体现一个人的品质、气度和修养。举手投足、践言践行与深思熟虑是细节的具体体现，而生活格调、文化素养与价值追求则是平日里一言一行背后的根源。

日常性动作的个性色彩

一些人在做某些日常性动作时，有一些习惯性动作带有很浓厚的个性色彩，这对于我们知人识人，客观评价一个人具有重要的参考价值。这种情形是人们一天天地逐渐形成的，有着极强的稳定性，想要一下子改变过来，一时之间很难办到。心理学家莱恩曾说过："人们日常做出的各种习惯行为，实际反映了客观情况与他们的性格间的一种特殊的对应变化关系。"所以，由习惯性动作，可以了解人的性格。

一个人的所思所想和性格特征都能在举手投足、点头微笑中暴露无遗，那些经验丰富的识人高手往往从一举一动中就能识别人心。有一些习惯性动作，可以帮助识人者观察他人并轻松地认知他人。下面就是一些识人高手长期的识人经验总结。

1.习惯性点头者

这种人比较关心他人和体贴他人,知道给予配合的重要性。及时表达自己的认同,可以使说话者增强自信和对谈论话题深入思考,并得以充分发挥,有利于找出最好的解决问题的方法,于人于己都有好处。在生活和工作当中,他们同时也是愿意向他人伸出援手的人,能够尊重对方的弱点,在力所能及的范围内寻求解决方案,具有热心助人的性格特征。他们能够聆听对方的全部说话内容,并给予认真的思考,让说话者有被认可的感受,所以人们会认可和欣赏他们,把他们当成可以深交的伙伴。他们也是爱交朋友的人,这不仅表现在能够给予朋友力所能及的帮助,而且还在内心深处关怀和体贴朋友,处处为朋友着想,时时想着为朋友排忧解难,准备随时帮助朋友,最为难得的是经常在别人尚未请求帮助的时候便伸出了援手。

2.经常摇头者

这种人经常"摇头"或"点头"以示自己对某件事情看法的肯定或否定。他们在社交场合很会表现自己,却时常遭到别人的厌恶,引起别人的不愉快。但是,经常摇头或点头的人,自我意识强烈,工作积极,看准了一件事情就会努力去做,不达目的誓不罢休。

3.手插裤兜者

双脚自然站立,双手插在裤兜里,时不时伸出来又插进去,这种人的性格比较谨小慎微,凡事三思而后行。在工作中他们最缺乏灵活性,往往用一种办法去解决很多问题。他们对突如其来的失败或打击心理承受能力差,在逆境中更多的是垂头丧气,怨天尤人。

4.双手后背者

两脚并拢或自然站立,双手背在背后,这种人大多在感情上比较急躁，但在与人交往时，关系处得比较融洽，其中较大的原因可能是他们很少对别人说"不"。

许多当过兵的人可能都对双手后背这种习惯性动作很熟悉。尽管部队规定在非正式场合不必背手，但还是可以看到，在非正式场合一群新兵聊天的时候，突然老兵班长来了，他往往就是背着手，昂起下巴，在新兵中走来走去。把老班长这种动作换成语言来表示，就等于他在说："我是老兵，我是班长，你们得听我的。"这是相当自信的姿势。

5.吐烟圈者

这种人突出的特点是：与别人谈话时，总是目不转睛地看着对方，支配欲望强，不喜欢受约束，为人比较慷慨，哥们儿义气重，因此他们周围总是包围着一群相干和不相干的人。

6.言行不一者

当你给某人递烟或其他食物时，他嘴里说"不用"、"不要"，但手却伸过来接了，显得很客气的样子，这种人比较聪明，爱好广泛，处事圆滑、老练，不轻易得罪别人。

7.东拉西扯，频频打断别人话题者

倾向于冒进，欠缺稳重，给人一种毛头小子的感觉。很少有人会和他们长时间地交流，更别提促膝而谈了，所以他们很少有真正的朋友和可以依靠的人。另外，必须提防的是他们做事往往虎头蛇尾，雷声大，雨点小，所以千万不要把全部的希望都寄托到他们身上，否则定会吃大亏。

8.心不在焉者

他们不重视谈话过程，自然不会在意谈话内容。即使用心听了，也是粗枝大叶，丢三落四。这种结果的外在表现是他们办事容易拖拉，一拖再拖，因为他们根本就不知道对方让自己做什么，而且得过且过；

如果目标已经明确，条件也具备和成熟，他们却又往往无法把精力集中起来，或是一心二用，或是"心有旁骛"，接到手中的任务往往不了了之，毫无责任感，终身都难以有所成就。

9.拍打头部者

拍打头部这个动作多数时候的意义是表示对某件事情突然有了新的认识，如果说刚才还陷入困境，现在则走出了迷雾，找到了处理事情的办法。拍打的部位如果是后脑勺，表明这种人敬业，拍打脑部只是为了放松一下自己。时常拍打前额的人一般是直肠子，有什么说什么，不怕得罪人。

10.拍打掌心者

在与人谈话时，只要他动动嘴，一定会有一个手部动作，比如相互拍打掌心、摊开双手、摆动手指等，表示对他说话内容的强调。这种人做事果断、雷厉风行、自信心强，习惯在任何场合都把自己塑造成一个"领袖"人物，性格大都属于外向型。

11.触摸头发者

这种人个性突出，性格鲜明，爱憎分明，尤其嫉恶如仇。他们经常做一些冒险的事情，喜欢挤眉弄眼，爱拿人当调侃对象。这些人当中有的缺乏内涵修养，但常常特别会处理人际关系，处事大方并善于捕捉机会。

12.抖动腿脚者

喜欢用腿或脚尖使整个腿部颤动，有时候还用一脚尖磕打另一脚尖或者以脚掌拍打地面，这种人很能自我欣赏，性格较保守，很少考虑别人，凡事从利己主义出发，尤其是对妻子的占有欲望特别强。然而当朋友有困难时，他们会经常给朋友提出一些意想不到的好建议。

13.手摸颈后者

当一个人习惯用手摸颈后时，往往是出现了恼恨或懊悔等负面情绪。这个姿势称为"防卫式的攻击姿态"。在遇到危险时，人们常常不由自主地用手摸脑后，但在防卫式的攻击姿势中，他们的防卫是伪装，结果手没有放到脑后，而是放到了颈后。女人则会伸手向后，撩起头发，来掩饰自己的恼恨情绪，并装作毫不在意的样子。

14.摊开双手者

大部分人表示真诚与公开的一个姿势，便是摊开双手。意大利人毫无拘束地使用这种姿势，当他们受挫时，便将摊开的手放在胸前，做出"你要我怎么办"的姿态。他们做的事情出现了坏的迹象，别人提出来，而他们摊开双手，表示他们自己也没有办法解决，一副无可奈何的样子。摊开双手时，有时耸肩的姿势也会随之而来。

演员常常用到这个姿势，他们不只是表现情绪，即使在说话前，也能显示出这个角色的开放个性。

15.解开外衣纽扣者

这种人的内心真诚友善，他们在陌生人面前表达这种思想时，最直接的动作便是解开外衣的纽扣，甚至脱掉外衣。在某个商业谈判会议上，当谈判对手开始脱掉外套时，你便可以知道双方正在谈论的某种协定有达成的可能。不管气温多么高，当一个商人觉得问题尚未解决或尚未达成协议时，他是不会脱掉外套的。那些一会儿解开纽扣，一会儿又系上纽扣的人，性格较优柔寡断，做事情总是犹豫不决。

16.拍案击节者

这主要有两种情形。一种情形是，谈话时，一个人以手在桌上叩击出单调的节奏，或者用笔杆敲打桌面，同时脚跟在地板上打拍子，或抖动脚，或用脚尖轻拍，这种节奏并不中途停止，而是不断地嗒嗒作响，这些就是在告诉你他已经对你所讲的话感到厌烦了。另外一种情形是，一个人在看书、读报、看电视，尤其是看球赛之类的节目时突然拍案击节，表示他对故事情节或运动员的某个动作表示赞赏。这种人一般性格乐观，对烦恼不记挂于心。

17.双手叉腰者

这种人希望在最短的时间内经过最短的距离达到自己的目标，他突然爆发的精力常是在他计划下一步决定性的行动时，看似沉寂的一段时间内所产生的。这个姿势，就像他们用"V"代表胜利的符号一样，成为他们的特征。不飞则已，一飞冲天；不鸣则已，一鸣惊人，就是这个意思。

18.坐立不安、手足无措者

这种人精力充沛，给人一种事业型的感觉，而他们也正是按照事业型打造自己的。由于身边的工作机会很多，为了早日实现自己的目标，他们不允许自己错过任何机会，积极投入身边的所有事情当中，忙完这个忙那个，放下一头又抓起另一头，结果是疲于奔命，造成极度的紧张，无法专心致志于分内工作，得不偿失。

"刷"出来的性格

我们每天都会刷牙，不同刷牙姿势的人在性格上也有细微的差别，下面对此进行一些简单的介绍：

1.从刷牙方式上看

有的人在刷牙的时候采取的是上下刷的方式。这样的人一般自主意识比较强，不喜欢受他人的限制和约束。他们的生活态度比较积极，即使遇到一些挫折和磨难，也能够以一种相对比较乐观的态度去面对，所以在他人看来，这样的人是能够给别人带来欢乐的，并且是值得依赖的。他们通常能够营造出比较和谐的人际关系。

有的人在刷牙的时候采取的是左右刷的方式。这样的刷牙方式一般来说是不太正确的，但既然已经形成了习惯，可能也就感觉不出错误来了。这种人身体内多是有很多的不安因子，他们非常叛逆，但缺乏宽容心和忍耐力，经常会因一些小事而和人闹不愉快。这样的人由于其性格缺陷，注定很难营造出相对良好的人际关系。他们在人际交往中容易钻牛角尖，常常跟人家过不去。有的人只是在早晨起来的时候才刷牙。这样的人一般来说相对比较注意自己在他人眼中的形象，同时他们也在朝着尽力把自己最好的一面呈现在他人面前的方向努力。

与上一种人恰恰相反，有的人只是在晚上临睡前才刷牙。这样的人多比较缺乏安全感，所以凡事总是要做得妥妥当当的，以使自己安心和放心。这样的人为人处世多比较干脆利索，没有过多庞杂而又没有具体意义的琐事。他们多追求在最短的时间内以最少的精力来完成一件事，而对结果不要求尽善尽美，说得过去就可以了。

有的人使用洗牙机清洁牙齿，这样的人接受新鲜事物的能力一般来说是很强的，但有喜新厌旧的倾向，接受容易，放弃也比较容易。他们大多内心不安分，喜欢猎奇，追求新潮和刺激。

有的人使用电动刷牙机清洁牙齿，这样的人多是很懂得享受的人，他们乐于凡事不用自己动手就可以达到目的。

也有的人使用牙线清洁牙齿，这样的人在为人处世方面多是谨慎小心的。他们多有很强的自信心和责任心，能够很出色地完成一件工作，而且由于他们很讲信誉，多会得到他人的信任和肯定。

还有的人采用橡胶制品的尖端来剔牙，这样的人预防意识多不是太强，他们很少会事先做一些必要的准备以免有突然性的事情发生而导致措手不及。但这种人往往思维周密，即使发生突发事件，他们也能很快镇定下来，并积极化解。这种类型的人还有一个比较突出的特点，那就是有很强的攻击性，敢于向某一事物进行挑战。并且，当他们发现自己犯了某一错误以后，能够主动地去改正。

2.从挤牙膏方式看

挤牙膏其中也有一定的学问。心理学家发现，通过挤牙膏也可以观察出一个人的性格。

有的人使用牙膏时非常谨慎。通常情况下，他们会轻轻地挤压。这样的人的感情多比较丰富和细腻，温柔随和，比较浪漫，不轻易发怒，能体谅和宽容别人，但作为长辈，多会对小辈表现得过分溺爱。

有的人在使用牙膏时一次会挤出很多，这样的人通常大手大脚，在各方面都不太懂得节俭。

有的人在使用牙膏的时候特别节省，这样的人在生活中知道节俭，但有些保守，中规中矩，显得死板，缺乏生机。除此以外，这种人多比较理智，不会有过激行为。

有的人把牙膏用到连牙膏管都卷起来了，这样的人多具有勤俭的美德，轻易不肯浪费任何东西，一旦浪费了，心里就会感到特别不舒服。这样的人在生活中多是一本正经、中规中矩的。

有的人在刷牙的时候习惯从牙膏管中间挤牙膏，这样的人追求快速准确地达成目标。他们的目光多不太长远，对现在的关注程度要远远超过未来，可以算得上是及时行乐者。

"洗"出来的性格

洗澡是日常生活中一件非常重要的事，有很多人甚至将沐浴视为重生的象征，洗掉每日的污秽，然后再以一个全新的自我迎接世界。因此，当一个人脱下衣服、卸下扮演的角色时，便还原成了真正的自己。

1.热水浴

有些人喜欢热水浴,因为热水使人的感情胜过理智。从淋热水浴所得到的热血沸腾感反映出:他们偏好"热情"的风格、"热烈"的罗曼史和"辛辣"的食物。他们处理每一件事都可能感情用事,如果被对方拒绝,他们可能很快面红耳赤,无地自容。

2.冷水浴

他们喜欢保持理性,合乎逻辑的情绪,不让外界的东西强烈影响其判断。他们头脑清楚,而且非常专业,是冷静的人,总是隐藏自己内心的真实情感。

3.淋浴按摩

他们追求丰富多变的生活情趣。由淋浴按摩中得到各种兴奋和快乐,代表他们寻求各式各样的享受。

4.泡泡浴

他们对自己很放纵,喜欢享受长时间的美容浴。每次他们都会修一次手指甲,做一次脸或修一次脚趾甲。因为他们很在意外表的吸引力,总是在周末做些按摩或有益健康的活动。必要时还会做美容手术消除鱼尾纹、双下巴或凸出的小腹。

5.热水盆浴

如果一个人喜欢赤裸裸地和一群人一块儿洗澡,那他很可能是一个追求自然主义的人,不受一般社会常规或旧式道德规范的约束。他极端前卫,尤其在自我意识抬头时更是如此。

6.海绵浴

科学研究证明,人怕水的原因之一是害怕回到母亲的子宫里。因为在水和母亲的子宫中,都同样有全身被浸湿的无助感。一个人喜欢海绵浴，那么，他可能曾有过精神受创的童年，创痛至今仍深深影响他的行为；他可能害怕放松自己，对他而言，甚至连轻松一分钟都是一件很困难的事；他可能是一个不会游泳的人。

7.蒸汽浴

如果他觉得蒸汽浴对他来说必不可少的话，那他总是坚持由内向外发掘问题。他深信，只要彻底流一身汗，没有治不好的病症。蒸汽浴是一种放松的方式，好让他把体内的污秽排除掉。

"吃"出来的性格

进餐的仪态很容易就会泄露一个人的真实性格。

进餐时非常讲究整洁的人，不但注重餐具的清洁，进食当中有少许面包屑掉在餐桌上，也会立刻拾起来，而且会将用过的碟子或点心篮叠起来，以方便侍者收走。这种人经常赞赏别人所做的努力，若遇上同样爱好整洁的人，很容易与对方成为好友。

喝汤及咀嚼食物时发出声音的人，其饮食习惯不但令旁人产生厌恶的感觉，这样的举动还显出他们根深蒂固的孤僻倾向。他们往往对坐在旁边的人视而不见，也不会考虑旁人的感受。

有些人在食物一端上桌，完全未尝过味道以前，便胡乱添加调味品，这样做不但是对厨师的一种侮辱，还显示出其天生爱冒险的性格。这种人做事比较草率，容易给自己和别人带来无谓的麻烦。

一面进食一面唠叨不停的人，因为急于跟别人交谈，而来不及将食物吞下。这种类型的人在处事时往往比较性急且咄咄逼人。

相反，进餐时一声不响、专心用餐的人，很可能是美食家，一心一意将心思放在食物上；另一种可能是个性害羞或孤僻，习惯利用进餐时间避开和其他人的交谈应酬。

匆匆进餐后立即离席的人，通常以自我为中心，对于别人为准备食物所花的时间和心思视若无睹。

浅尝辄止型的人，这种类型的人食量小，大部分个性保守、行为谨慎、墨守成规、稳重有余而冲劲不足，一般只能是守成者而不是创业者。

风卷残云型的人，此种类型的人进食速度快，近乎狼吞虎咽，多半个性豪放、精力旺盛，具有过人的精力，行事果断、待人真诚，并具有强烈的竞争心和进取精神。

细嚼慢咽型的人，这种类型的人进食速度极慢，喜欢细细咀嚼、慢慢品尝，他们办事周密、严谨，没有把握的事绝对不做，爱挑剔，有时对人近乎冷酷。

饮食过量型的人，这类人进食不加节制，看到爱吃的食物势必大啖一番，他们多半性格直爽，有团结众人的能力，喜怒溢于言表，从不掩饰内心的情绪。

独食难肥型的人，这类人总爱单独进食，不愿与人共同分享，他们大多性格乖僻，孤芳自赏，但坚毅沉稳，责任心强，言行一致，信守诺言，一般来说在工作上的表现往往都能令上司满意。

来者不拒型的人，这类人对食物从不选择，他们个性随和、不拘小节、生命力旺盛、多才多艺，可以同时应付多种工作而且游刃有余。

慢条斯理型的人，他们会花时间反复思考某一件事，直到认为没有问题时，才做出最后决定。此外，他们也较挑食，性格上最怕遇到突如其来的意外状况，这往往令他们措手不及，疲于应付。

开车"开"出来的性格

1.从喜欢的车的类型来看

车子能使我们快速地到达某一地点。对车子不同的选择，除了能够反映出车主经济实力的差别外，更可以看出对方的格调，以及折射出的性格特征。

喜欢进口车的人，一般来说对大部分国产车的品质持怀疑态度，爱国主义之类的宣传口号很难打动他们。

喜欢吉普车的人，比较能吃苦耐劳。吉普车使人能够探访许多交通工具无法到达的地区。他们把所有人抛在车后一团团的灰尘中，打算替自己开条路。他们就像吉普车一样不但能吃苦耐劳，而且原本就是为了吃苦耐劳而存在的。他们不需要空调，不需要美观的烤漆，不需要动力方向盘或电动刹车，他们所需要的，是在被太阳烤干的嘴边吸一根万宝路香烟。

喜欢豪华车的人，可能很有钱，也可能很穷，不过他们喜欢让自己看起来很有钱。他们希望表现出与众不同，具有影响力，从他们衣服的剪裁和房子的大小，也可以看出这点倾向。然而，他们心中成功的感觉，多半来自于他人的赞美，而不是真正发自内心的自我肯定。看到别人开劳斯莱斯，可以让他们一整天都不舒服。

喜欢敞篷车的人，不想与世隔绝。当然，他们希望这世界也能进入他们的车里，有风轻轻吹过发梢，有阳光亲吻他们的脸，他们喜欢敞篷车带给他们的那份逍遥自在。

喜欢双门车的人，喜欢控制别人。别人一进入他们车子的后座，就成了他们真正的俘虏，没有出入方便的逃生门。双门车对于有控制欲的人来说，的确具有某种特殊的吸引力，他们控制了旁人的生命，而且只顾自己轻松舒适，并不在乎别人的感受。

喜欢四门车的人，尊重别人。每个人都有属于自己的出入口，可以自由进出他们的车子，因为他们讨厌被人催促的感觉。他们给每个人一个出口，表示尊重他人选择的权利，即使对方选择离开他们，他们还是同样尊重对方的决定。然而，就因为他们不企图控制别人、限制别人，别人反而愿意搭他们的车。

喜欢省油车的人，大多很现实。随着油价飞涨，大多数人都希望自己的交通工具能够经济省油。所以，如果他们选择这一类的汽车，表明他们很可能是个脚踏实地的人，而且非常现实。对他们而言，童年那种放纵自己的日子已经过去了，现在必须穿着得体，举止优雅。他们最关心的不是如何获取身份和地位，而是保有目前已经拥有的身份和地位。

2.从对车身颜色的喜好上看

据心理学家的研究表明，一个人对车的颜色的喜爱在一定程度上也可反映出他的性格。

喜欢红色的人，具有较强的事业心，对自己充满自信，对人热情，喜爱开快车。

喜欢黑色、白色的人，工作热情高，万事追求完美的境界。

喜欢蓝色的人，做事冷静，具有较强的分析能力。

喜欢黄色的人，乐观，好交际，朋友众多。

喜欢绿色、银色的人，处事中庸，行事稳当，性格坚强。

3.从驾车的方式看

一个人控制汽车的方式与控制自己的方式有许多相似之处，如果把车子视为一个人肢体的延伸，那么开车的方式就是肢体语言的机械化身。一个人在方向盘后的举动，反映出他每天的心情与态度。

按规定速度开车的人，对他们而言，开车不过是带他们去要去的地方，而不是一种真正快乐或刺激的体验。他们守法，尽自己应尽的义务，通常以平稳、容易控制的速度开车。他们做任何事情都是中庸的态度，即使有很大的把握，也不会骤然冒险。他们为人可靠，不马虎，可能很适合在政府机关上班。

行车速度比规定速度慢的人，坐在方向盘后面令他们觉得害怕，觉得无法操纵一切。他们总是避免把东西放在自己手里，只要有人授权给他们,他们立刻把权限缩至最小。他们嫉妒他人不断超越他们,而他们胆小怕事的个性也令他们的家人、朋友失望。

超速行驶的人不会受制于任何人,他们很积极,而且憎恨权势。他们不允许他人为他们设限,如果有人企图这么做,他们会找出极端而且可能很危险的方法来维护自己的独立自主。他们的父母和老师很有可能都十分严格,而这是他们发泄心中怒气的唯一方法。

大声按喇叭的人,在现实生活中,他们喜欢尖叫、大喊、发脾气;在马路上,他们则使劲按喇叭。他们对挫折的应变能力极差,经常觉得受别人的威胁。他们通常以一连串的高声谩骂来表达心中的焦虑和不安,发怒的程度完全和刺激他们生气的原因不合。他们做事无效率、无能力,即使哪儿也没去,也总是显得匆匆忙忙。

不换挡的人,希望所有的事情都安排得好好的。他们比较喜欢寻找自己的生活方式,即使有时候这么做遭遇的困难比较多,他们也很少向他人请教。没有人告诉他们该往何处去,可能常常是他们告诉别人该怎么做。他们是实践家,凭直觉行事,而且喜欢把事情揽在自己身上。绿灯一亮,抢先往前冲,凡事比别人抢先一步是他们生存的方式,他们喜欢胜利的感觉,因为他们不想被烙上失败者的标记。他们已经学会只有积极且有竞争力才能够成功。只要有一条线,他们总是第一个站在线上的人。他们不是向前看,而是向后看别人离他们还有多远。

绿灯亮后最后发动车的人,会觉得这样很安全,有保障,用不着和他人竞争。没有人会伤害他们,他们让别人挤破头去拿第一。他们早已学到,只要不锋芒毕露,就不会遭人拒绝或被人伤害。他们把这个观念也用在其他地方,让他人先走,他们就不必与之竞争了。

不学开车的人,不学开车使他们置身于依赖和无助的情境中。这增加了他们的自卑感,因为他们受制于他人。在他们生活的各个领域中，他们也是习惯退居积极者的背后。他人对他们的评价驾驭着他们的一举一动。

永远没有驾照的人，擅长告诉别人他们要怎么做，但做出来的成果，却往往与他们所说的相去甚远。不过，只要有足够的刺激，他们最后还是会把事情做完。他们把自己想象成赢家，但心中却暗自害怕会输。他们天花乱坠的言辞可能说得斩钉截铁，但他们的行为却消极得很。他们的拖延战术不但已经变成了一种再自然不过的行为，而且已经形成了一种模式。

习惯坐后座的人，他人的成就令他们有被威胁之感，因为他们害怕自己想贡献心力时，不为他人信任与接受。他们喜欢别人依赖他们，希望别人在作决定之前，先来问问他们的意见。总之，他们需要一再地证明自己的重要性。

其他生活习惯的性格密码

我们可以从对方日常生活中具有的某些习惯，去认识他是怎样的一个人。

1.收藏习惯

拥有这种习惯的是一种追求高层次享受的人，他们不但要求温饱、稳定、家庭和睦、事业成功，而且要有丰富充实的休闲生活，以消除紧张的学习、工作之后的疲劳，潜移默化地增长知识，得到美的享受。一般来说，收藏是根据个人爱好，将某一类物品（或某一专题的物品）精心组织、收集，并妥善保管、储藏，自娱或供人观赏、研究等的一种很有益处的文化娱乐活动。所谓"物以类聚，人以群分"，爱好收藏的人希望通过对某一类感兴趣物品的收集、保藏、鉴赏、研究、玩味、展示等方式，丰富休闲文化生活，得到美的体验，增长知识，开阔视野，加强感情交流，广交朋友。

2.抽烟习惯

烟是一种帮助我们识人的好工具：嗜烟如命者多意志薄弱，或古道热肠；视烟如敌者多嫉恶如仇，或偏激执拗；吸而能戒者多意志坚定，或冷静世故；吸而不多者多宽容随和，或圆滑机巧。吸烟者多性格外向，不吸烟（戒烟除外）者则多内向。因为，外向者多爱交际，爱交际者多爱聊天。就像吃饭时大家互相敬酒一样，聊天时，如果大家都吞云吐雾，又相互递烟，能使气氛融洽，谈兴更浓。相反，如果大家都不抽烟，则久谈必有"枯坐"之感，难得尽兴。吸烟者多大度、豪爽，但也可能马虎、放荡；不吸者多拘谨、吝啬，但也可能严谨、沉稳。

烟还可以帮助我们看出人与人之间关系的深浅。客客气气递烟，说明关系尚浅，还很生疏，或说明二者之间有一定的鸿沟；相互抢着递烟，说明双方地位相等，或视为相等，且都愿发展友好关系；随随便便递烟，不计较是否"礼尚往来"，说明双方关系较深，已达到"无论怎样也不计较"的程度；伸手到对方口袋里掏烟，掏出来还要散给别人，那就简直是亲密无间、不分彼此的"铁哥们"了。

3.品茶习惯

喝茶对平头百姓来说只是为了解渴，不过是一种生理需要。而文人则能从茶中品出文化韵味和审美情趣，又从茶中品出了千万篇茶诗茶文。卢仝的《七碗茶诗》既俗又雅，道出了品茶的无穷风味，他在诗中写道："一碗喉吻润，二碗破孤闷。三碗搜枯肠，惟有文字五千卷。四碗发轻汗，平生不平事，尽向毛孔散。五碗肌骨清，六碗通仙灵。七碗吃不得，惟觉两腋习习清风生。"七碗茶，从生理到心理，从内心到大千世界，都通过这神妙的茶一点一滴地细细品味出来。

烹饪"烹"出来的性格

　　一个人在准备食物的时候持什么样的态度，往往会透露出他对生活的某种感受。从准备的方法和过程中，可以显示出一个人许多内在的东西。

　　有的人认为烹饪是一种艺术，更是一种享受，他们愿意自己动手，准备一切。这一类型的人，多独立意识比较强，从来不企图依靠别人来达到自己的某种目的；同时他们对他人也缺乏足够的信任感。他们有强烈的自我意识，不会轻易相信任何人。他们很满足于获得成功后的那种成就感。他们自信心极强，即使身处困境也依旧乐观。

　　有的人在烹饪的时候大多采取剁、揉的方法。这样的人多属于实干型的人，他们很实际，总是能够以非常积极和诚恳的态度来面对生活中的各种问题。他们的生活节奏相当快，生活态度相当积极，对于已经决定的事情，他们会全身心地投入，尽量把事情做好。

　　有的人喜欢按照有关的烹饪书籍做菜，这样的人显得有些呆板，喜欢依据一定的法则，如果没有这一类指导性的东西，就会显得手足无措。他们习惯被人领导，而一般不可能领导别人。他们总是过分地追求各种细节，精确严谨，从来不会轻易放弃任何一件他们认为重要的事情。他们对自己并没有多少自信心，随机应变能力比较差。他们害怕遇到突发事件，因为那时候他们会手足无措。

　　有的人只是凭着自己的感觉进行烹饪，这样的人多比较善变，常凭着一时的冲动感情用事。他们不愿受人约束，喜欢随心所欲，为所欲为。他们很少向他人做出承诺，因为他们非常了解自己，知道自己根本无法兑现。他们的心地还是善良的，并不想去伤害别人，可到最后还是会有许多人受到伤害，他们会为此感到难过，但并不改变自己什么，或许也是改不了。

有的人喜欢给美食家打电话，请教烹饪方面的问题。这样的人多比较有宽容心，能够认真虚心地接纳他人给自己提出的意见和建议，但只是接纳并不是全盘地接受，他们是有着自己独特的思维的，会充分考虑他人的意见和建议，但在此基础之上，最后的决定还是由自己做出。

有的人喜欢烤肉，这样的人性格多是外向的，他们待人热情大方，乐于结交新的朋友，而且富有同情心，做事常不拘小节，马马虎虎，得过且过就好，因此常会制造一些不必要的麻烦。他们还乐于向他人介绍自己，以增进了解。

有的人喜欢边看电视上的烹饪节目边动手，这样的人多自主意识强烈，不愿意让他人为自己作决定，他们喜欢把一切都变得简单和方便。他们很容易获得满足，在各方面都不挑剔，但对于一些事情还是有追求完美的心理倾向的。在大多时候，他们活得比较快乐，善于开导自己。

有的人爱在烹饪的时候使用一些小道具。这样的人多有比较重的好奇心理，一旦喜欢上什么，就会想方设法得到。做事追求高效率，有较强烈的忧患意识，为了以防万一，会做很多的准备，但事实上，他们经常是杞人忧天。

还有的人从来都不自己烹饪，这样的人多缺乏冒险意识，为了安全，他们会选择妥协退让。

第八章　物以类聚，人以"衣"分

著名作家郭沫若曾经这样说过："衣服是文化的表征，衣服是思想的形象。"人可以通过衣着和服饰向他人展现自己。同时，衣着也在向人们传达着很多的信息，不同的人有不同的衣着装扮，不同的衣着也展示了人们各自不同的个性、情感、智慧与修养。

不同的衣着代表着不同的想法

不同的人有不同的衣着，衣着和服饰是人们内心的反映和写照。

假如你在牧场上穿着整齐的西装，在别人眼中你不会有任何领袖气质。同时，衣着的方式能建立起一个特别的形象来。比如在辨别一个领导者时，不同的着装会带来完全不同的效果。

蒙哥马利元帅以他的"贝雷帽"著名。他在这种扁软羊毛质地的小帽上，缀上他指挥下主要单位的队徽，还随时穿着一件套头衬衫。他塑造了一个随便、舒适的形象，哪怕是在战斗最激烈之际，官兵们只要见到一位头上戴着缀满队徽的软帽、穿着一件套头衬衫的人，就立刻知道是他们的司令官来了。

艾森豪威尔穿着一件自己设计的短夹克，最后整个美国陆军都采用这种夹克，而且名字就叫"艾克夹克"。

巴顿也非常相信仪表的重要性。他特殊的穿着包括一顶闪亮的头盔，臀部两边各挂一把手枪，甚至在战场上还系着领带。他的官兵也是老远就能认得出他来。

麦克阿瑟也建立了一个特殊形象。在第一次世界大战中，他还只是一位年轻的上校，他的制服就与众不同。他不戴钢盔，也不佩带手枪。他的理由是："钢盔会伤害我的头，降低领导效率。我所以不佩带枪，是因为我的任务不是打枪，而是指挥。"在第二次世界大战中，他不打领带的制服、金边帽子、大烟斗和太阳眼镜，也都成为他著名的标志。

很多其他的军中将领也讲求所穿军服与众不同。有的虽然穿着制式军装，但是经过特别剪裁，质地也比制式的要好。有些指挥官喜欢执一根装饰用的棒子，可以视为美国式的元帅指挥棒。

西点军校军事建筑系主任特纳尔上校，即使在教室上课时也穿着一套迷彩服。特纳尔以前担任过美国空军空降兵学校校长，他是位猛虎型的领导者，团队无论做任何事，他都会亲自参与。学生们都将他看成是能在水面上行走的奇人。

美军陆战队司令、四星上将盖端也喜欢穿迷彩服，甚至到国防部就职后还穿。他是唯一穿迷彩服的司令。你一眼就会认出他来，他的迷彩服似乎在告诉你："我是一名战士，我的任务就是作战。"

在两百年前，约瑟夫·朱伯特说："一位服装整齐的士兵，乃是一种自重的表现。他显示出更能控制自己，而使敌人更为恐惧。因为良好的外表本身就是一种力量。"

而一个人的衣饰，不仅仅表露他的情感，并且可以显示出他的智慧来。同时，从他的衣着习惯，更可以透露出他的人生哲学和人生观。

一般来说，喜欢穿简单朴素衣服的人，性格比较沉着、稳重，为人较真诚和热情。这种人在工作、学习和生活当中，对任何一件事情都比较踏实、肯干、勤奋好学，而且还能够做到客观和理智。但是如果过分地朴素就不太好了，这种情况表明他缺乏主体意识，软弱而易屈服于别人。

喜欢穿单一色调服装的人，多是比较正直、刚强的，理性思维要优于感性思维。

喜欢穿深色衣服的人，性格比较稳重，显得城府很深，不太爱多说话，凡事深谋远虑，常会有一些意外之举，让人捉摸不定。

喜欢穿淡色便服的人，多比较活泼、健谈，且喜欢结交朋友。

喜欢穿式样繁杂、五颜六色、花里胡哨衣服的，多是虚荣心比较强，爱表现自己而又乐于炫耀的人，他们任性，甚至还有些飞扬跋扈。

喜欢穿过于华丽的衣服的人，也是有很强的虚荣心和自我显示欲、金钱欲的人。

喜欢穿流行时装的人，最大的特点就是没有自己的主见，不知道自己有什么样的审美观，他们多情绪不稳定，且无法安分守己。

喜欢根据自己的嗜好选择服装而不跟着流行走的，多是独立性比较强，有果断决策力的人。

喜爱穿同一款式衣服的人，性格大多比较直率和爽朗，他们有很强的自信心，爱憎、是非往往都分得很明确。他们的优点是做事果断，显得非常干脆利落。但他们也有缺点，那就是清高自傲，自我意识比较强，常常自以为是。

喜欢穿短袖衬衫的人，他们的性格是放荡不羁的，但为人却十分随和与亲切，他们很热衷于享受，凡事率性而为，不墨守成规，喜欢有所创新、突破。自主意识比较强，常常是以个人的好恶来评判一切。他们虽然看起来有点吊儿郎当，但实际上他们的心思还是比较缜密的，而且什么时候都知道自己是做什么的，所以他们能够三思而后行，小心谨慎，不至于任性妄为而做出错事来。

喜欢穿长袖衣服的人，大多比较传统和保守，为人处世都循规蹈矩，而不敢有所创新和突破。他们的冒险意识在某一方面来讲是比较缺乏的，但他们又喜爱争名逐利，自己的人生理想定得也很高。这样的人最大的优点就是适应能力比较强，这得益于循规蹈矩的为人处世原则。把他们任意放在哪一个地方，他们很快就会融入其中，所以通常会营造出比较好的人际关系。他们很重视自己在他人心目中的形象，希望得到注意、尊重和赞赏，因而在衣着打扮、言谈举止等各个方面都总是严格地要求自己。

穿着打扮以素雅、实用为原则的人，多是比较朴实、大方、心地善良、思想单纯而又具有一定的宽容和忍耐力的。他们为人十分亲切、随和，做事脚踏实地，从来不会花言巧语地去欺骗和耍弄他人。他们的思想单纯，凡事都往好的方面想，但绝对不是对事物缺乏自己独特的见解。他们具有很好的洞察力，总是能把握住事情的实质，从而做出最妥善的决定。

喜欢色彩鲜明、缤纷亮丽的服装的人，他们多半比较活泼、开朗，单纯而善良，性格坦率豁达，对生活的态度也比较积极、乐观和向上。他们多是比较聪明和智慧的，这些体现在外，就是有较强的幽默感。同时，他们的自我表现欲望比较强，常常会制造些意外，给人带来耳目一新的感觉，以吸引他人的目光。

喜爱宽松自然的打扮，不讲究剪裁合身、款式入时的衣着的人，多是内向型的。他们常常以自我为中心，而融不到其他人的生活圈子里。他们有时候很孤独，也想和别人交往，但在与人交往中，又总会出现许多的不如意，所以到最后还是以失败而告终。他们多半没有朋友，可一旦有，就会是非常要好的。他们的性格中害羞、胆怯的成分比较多，不容易接近别人，也不易被人接近。他们对团体活动一般来说是没有兴趣的。

后来，美国著名的心理学家兼社会学家乔治·纳甫博士，就人们衣着和性格的关系，划分出了六种类型。

（1）智慧型。这种人头脑冷静，思想缜密周详。他要购买一件新衣服的话，一定会先考虑到它是否合体，衣服是否有特色，裁剪缝纫得是否精细结实和令人满意，因为他把衣服看成是他财产的一部分。

（2）经济型。当这种类型的人购买新衣服时，第一件事就是要先计算一下是否合算。为了贪便宜，他会去买处理品和清仓削价的衣服，还会去光顾旧货店，挑选自己满意的衣服。

（3）唯美型。这种人常被唯美观念所支配，他在选购衣服时不求经济耐用，但求美观，只要能穿上一件时髦的衣服，他就心满意足了。

（4）人道主义型。这种类型的人买衣服没有目的，常会买下自己并不需要的衣服。似乎他买衣服的目的是为了让服装店多做些生意。日积月累之后，他的衣柜和箱子里衣服堆积如山，但适用者不多。

（5）政治家型。这种类型的人所穿的衣服，特别注意款式图案，希望能给别人留下很好的印象。

（6）宗教家型。这种类型的人，他们喜欢款式简单的衣服，色彩朴实无华，保守而趋向拘泥，尽力避免虚饰。

颜色不同，心理也不同

心理专家认为色彩是"世界上最便宜的精神治疗师"，可见其作用不可忽视。相应的，从人们服装的颜色就可以透视其心理了。

在这个色彩斑斓的世界，色彩也被赋予了不同的象征意义：概括起来说，红、橙、黄为暖色，可使人精神振奋，心情愉快，有增强新陈代谢的作用；蓝、绿为冷色，起抑制、缓和感情冲动的作用。

人们可以利用暖色来振奋精神，增强生命力，提高生活兴趣，促进机体的新陈代谢，而利用冷色抑制与缓和感情的冲动，安定情绪，控制暴露，并用来对人进行心理治疗。

专家们还认为每天必须看到以下几种颜色，才能使人生活得更快乐，以获得心理平衡：

（1）红色：热烈、喜悦、果敢、奋扬，是活力的象征，能为你带来生命的活力，在生活中，用红色的毛巾、红色的电话机等，都能使人活跃。食品中也应有一些红色来增加食欲，如红色的番茄、红辣椒、红苹果等。

偏爱红色者，活泼、热情、大胆、新潮，对流行资讯感应敏锐，最容易感情用事；有强烈的感情需求，希望获得伴侣的慰藉。缺点是浮夸、吹嘘，注重外表修饰，有追求物质欲望的倾向。

（2）橙色：能减少疲劳感，令人振奋。如果使用橙色的唇膏、橙色的围巾，可使你看起来精神奕奕。在厨房和餐桌上使用橙色，使人有健康、明朗的感觉。

（3）黄色：光辉、庄重、高贵、忠诚，能够刺激创作灵感。使用在一些家具布或家庭摆设上，使人看起来活泼明朗。如果穿着黄色衣服上班，能给人以醒目的感觉。偏爱黄色者，多个性积极、喜爱冒险、乐观、爽朗，喜欢结交朋友，是达观、乐天的社会型人物。

（4）绿色：健康、活泼、生气、发展。绿色是自然界中最常见的颜色，能使你的精神获得安抚。如果用绿色来布置客厅，会给人一种舒畅轻松的感觉。近乎黄色的青绿色，给人以活力感，接近蓝色的深绿色，则给人安静平和的感觉。

偏爱绿色者，多数严谨、安分、做事稳重，是值得信任的坚实派人物，感性方面较缺乏，经常不苟言笑，有耐心及实践能力，坚韧、认真、凡事按部就班，金钱的使用也颇有计划性，能在稳定中发展事业。

（5）浅蓝色：幽静、深远、冷漠、阴郁，是一种和谐友善的颜色，当你情绪低落时，浅蓝色能给你受保护的感觉。偏爱蓝色者，多态度明朗、诚实。处事方式偏向中庸，做事颇有弹性，留有回旋余地。

（6）深蓝色：给人以平静安详感，所以用深蓝色做工作服，能使工作环境表现出冷静气氛。

（7）紫色：这是一种浪漫色调，能制造罗曼蒂克气氛。如果女孩子想使自己更富于吸引力，那么，不妨选择紫色的衣服穿穿看。

偏爱紫色者，多谨言慎行，喜怒不形于色，许多内心的想法都深藏着，不愿表露出来。姿态优雅、富神秘气质、不擅长交际，给人冷漠、高傲的感觉。喜欢思索，很会压抑、控制自己的情感。

（8）黑色：象征着沉默、神秘、恐怖、死亡。偏爱黑色者，与紫色略为相似，性格内向，心态阴郁，喜欢独来独往，希望保持独立的个人活动空间。

（9）白色：象征单调、朴素、坦率、纯洁。偏爱白色者，多个性开朗、单纯，泾渭分明，喜欢表露。生活中爱清洁。家居布置宽敞明亮，讲究个性特点。

（10）灰色：象征和谐、深厚、静止、悲哀。偏爱灰色者，缺乏毅力，性格怯懦、胆小，凡事依赖他人，没有自己的主见，容易受别人影响改变已经决定或承诺的事情。

穿衣的风格，情趣的代表

服装是流行的文化，是人思想的外在体现。从一个人衣着打扮的风格中，不仅可以看出他的兴趣爱好，也可以看出他的性格特征。

1.喜欢穿白衬衫的人：他们大多清廉洁白，是现实主义者

喜欢穿白衬衫的人，其性格特征是缺乏主动性、判断力、羞耻之心。他们在色彩感觉上、在扮装上都非常优秀；相反，不论对什么服装，只要穿上白衬衫都能相得益彰。白色确实与任何颜色的服装都能搭配组合，关于这一点没有什么异议。同时，白色是表示清

洁的颜色。

白色与任何颜色都能搭配的优点,当然也能给人一种亲切感,但这种形态的人"穿什么都可以",就是说对服装不受拘束,在性格方面是属于爽直派的。诸如此类穿白衬衫职业的,比如裁判官、医生、护士、机关的职员等各行各业的执业者,当你看到他们的第一印象都是缺乏感动性,尤其在感情方面和爱情方面。

这类人容易自以为是,对于自己喜欢从事的工作,会一意孤行地追求和实现。这类人在生意场上常常是个躁动分子,极可能与他人起冲突,随时有动干戈的事情发生,在人际交往中,遇到这类穿着的人要有戒备之心。

这类人总会为自己的失误找出各种借口,和这种人没有什么话题可言,除重要的事情交涉,关于酒色话题他们一般不参与言论。有喜好穿白衬衫习惯的人,总是以工作为人生的支点,是不折不扣的现实主义者,对工作有一贯认真的态度。在茫茫众生中,总有一些脚步匆匆、马不停蹄的人,他们享有较高的社会地位,为了维持自己的"白领"形象,他们无时不在为工作做出努力,他们是上司眼里的精英、下属心中的怪物。

2.喜欢穿着不修边幅的人:他们属于特立独行型的性格

在穿着上不修边幅的人,大都是活力四射、精力旺盛的人。这类人不喜欢久居人下,喜欢领导别人做事,其用人的手法通常很不高明。这种人不适合从事薪水阶层工作,大多数人都是脱离薪水阶层,单独到社会中去做生意或自由闯荡。

由于某种职业特点的限制,许多人被迫打起了领带,假如一位主管有意无意对下属提起对打领带的看法,如果他回答是不喜欢打领带,那么可能说明他对现在的处境不满意,有另起炉灶的意图。而某些官员被生意人招待去打高尔夫球取乐,或薪水阶级者利用星期天、假日打高尔夫球取乐,这种现象不但是享受不修边幅的动作,且有"变成自由的愿望"。

3.喜欢朴素服装的人:他们都坚韧、有计划,但运气不佳

政府官员和银行职员等,大概由于职业的关系,大多喜欢穿朴素的衣服。这类人从表面上看也是朴实的,大部分属于体制顺应型。在朴素当中,也有一些豪华的特征。而且,他们在自己的容姿上也有相当的自卑感。相反,喜欢豪华服饰的,是自我显示欲和金钱欲望都强烈的人,同时也具有歇斯底里的性格。

这种类型的人,利用自己的特性发展适合自己的职业一般毫无问题。有些虽不是体制顺应型的人,但为生活不得已勉强穿朴素服装。许多公司注重制服,这完全把人的个性压制住了。不让个人穿自己所喜欢的服装,这种行为是绝对不可取的。

平时喜欢朴素服装的人,但在某个豪华的场合上,你却看到他盛装而入,这种人就要引起人们的警觉。这类人可能十分单纯,也可能颇有心机。他对金钱的欲望非常强烈,对别人的批评也非常在意,很难接受别人对他的意见,对这类人奉承是上策。

穿着朴素衣服的人向来非常小心,任何事情都有计划性,并以诚实不欺者为多。另一方面,这种人外表看起来诚实,其实对酒色特别着迷,以致家运不好。应付这种类型的人,不要显示攻击心。其次,这种类型的人人情味非常淡薄,是重视现实的人。

4.喜欢蓝色、蓝紫色的人:他们待人温和,但自尊心极强

喜欢穿这种服装的人,大多缺乏决断力、实行力。这类人说话比较嗑巴,缺乏羞耻心和责任感,由于这类人不善于表露自己的情感,是自尊心非常强的人。

与这种人相处时,如果你缺乏观察的眼光的话,会感觉他是"很好的人嘛"!其实这种人缺乏人情味。假如这种人是你的领导,当你

经过数次请客与某公司进行的交易成功时，你的领导就会说："这件事情怎么没有预先报告，你自行交涉是不对的。"总而言之，这种类型的领导没有培养部下的能力，并且也不喜欢把功劳让给部下。

按照他的意思是："在请客方面花很多钱，不如把所花的钱直接送给谈生意的人更为有效。"这种想法是喜欢这类色彩服装的人特有的。

要想接近喜欢这类色彩服装的人，应逐渐按部就班，并投其所好，同时在这种人面前不能说别人的坏话。

5.喜欢穿黑色服装的人：他们爱憎分明，但个性非常温厚

通常喜欢红白明显色彩的人，同时也喜欢黑色系的服装。因为这是歇斯底里型和神经质型的人的特性。

这种类型的人的性格特征，是对别人的态度不温柔，很难接近。但假如了解了他的心理之后，你会发现他是个非常有趣的人。这类人大多都有点罗曼蒂克的气质，这类人性格通常多是温柔善良，为人忠厚，且具宽容的气度。

在商场上遇到这类人时，你必须对他持诚实的态度。他让你办的事儿，能够办到的话，你一定要立刻付之行动，让他从实际中了解你，然后成为他的朋友和合作者。

对人依赖心非常重，是喜欢穿黑色服装人的短处。这种类型的人在性格上不喜欢半途而废，任何事情都要彻底弄明白，看起来好像是个乐观的人，实际上是为了隐藏某一点，所以花费很多心思来表现大方之处。这种人实质上有纤细神经的一面，经常处于着急状态。

6.喜欢穿粗直条整套西装的人：他们大多对自己缺乏信心，喜欢摆空城计

在一般薪水阶层人士的穿着习惯中，很少有穿蓝色粗直条西装的

人。大多数自由职业者，为了掩饰职位上引起的不安感觉，才喜欢穿这种整套的西装来隐藏内心的动向。

这种人的特征是流行时尚的发烧友。由于对自己没有信心，又怕被别人发现，或者因为情绪上的孤独不安时，他们才会穿上粗直条整套西装。

与这种类型的人接触时，绝对不能攻击对方的缺点。如果言谈之间的内容不合时宜的话，就会受到对方的攻击，因此需多加注意。

这种人最不喜欢占卜，性情较阴柔。所以，对这种人不要多讲话，按照对方说话的语气去调整，尽量不要指责其缺点，并且要不时地夸赞他。

他们头脑非常单纯，所以，你应当避免去激怒对方。

7.喜欢穿背后或两旁开叉上衣的人：他们具有领导气质且自我显示欲非常强

也许你经常碰见西装笔挺的绅士，英国制的西装、带花纹的领带、小羊皮或羔羊制皮鞋、珍珠袖扣、瑞士制的手表，镜框是高级的舶来品，连打火机也是世界驰名的名牌商品。像这样的人，在你所见者之中一定不乏其人。

这类人通常会给人以商界大款或来头不小的感觉。而且这类人通常极具伪装性，他们大多以侠义中人自居，借以表示领导者的风范，但这种人通常让人失望，他们并不真是具有侠义之气的人。

这类人的金钱观念比较淡薄，对长期交易没有多少兴趣，往往特别注重短期交易，具有追求一夜暴富的倾向。

一旦以信用为主进行交易时，必须详细调查对方的底细。一方为了慎重起见想暂停交易的话，对方则会施以威胁法。若一方采取冷静态度，对方会急变为软弱战术。

这类人士会对人做过多的许诺。此时，你委婉推辞为上策。其实这种人的性格是神经质、疑心重、嫉妒心强、独占欲旺盛，喜欢装饰外表并且好玩的典型。然而，观其面貌又是一副诚实的模样。

8.穿着马虎的人：他们大多缺乏机密性、计划性，但有执行力

有些人身上穿着名牌西装，脚蹬着名牌皮鞋，却系着一条非常粗俗的领带，这种穿着不得要领、疏于考究的人，就是穿着习惯上非常马虎之人。他们的特性是有些与众不同的。

这类人通常富有行动力，对工作抱有热忱之心。假如在同事或晚辈之中有这种类型的人，对你而言并不是件好事，这类人虽然富有行动力，但得意之时，他会高踞在上，失势之时，他又畏缩不前，是一类非常麻烦的人。

这类人一旦下决心从事某项工作，就会有始有终。你和这类人相处的时候，一定要掌握分寸，有距离地接触，因为他听到异己之言便会恼羞成怒，对于这类人，不宜采取责备的口吻或刺激性语言，让他对你造成不必要的妨碍。和这类人有生意上的往来时，你的胜算非常低。

假如你必须和这类人打交道，你就要学会使用头脑和手段，尽量别招惹他生气，这类人比较注重相同意识和连带关系。

9.喜欢舶来品的人：有自卑感但善于奉承人

对于喜欢这类穿着习惯的人，绝不能轻易从外表上判断其为人。有的人在任何场合都喜欢从上到下都是舶来品的装扮。这类人和他人打交道时，一点人情味都没有，简言之，这类人大多都冷酷无情，即使外表看起来人缘不错，事实上其中肯定不乏利害关系联结着。

这种人对生意上的事情非常敏感。当自己处于不利地位时，会立刻寻找外援，而一旦失手，则会诿过于人，对于这类人，要有警惕性。

假使你的朋友中有喜欢舶来品者，你就会观察到这种人对流行很

敏感，但另一方面对自己又缺乏信心，借用舶来品来装饰自己，这种类型者多数是孤独、情绪不安定、有自卑感，最好不要去揭穿他们的自卑感。

一件T恤一群人

当今，T恤已经是一种最普遍、最受人们欢迎的服装之一。在以前，T恤只是用来保暖和吸汗的内衣，可是现在，它已演变成了一面公众告示牌，可以任由人们自己在上面随便记录或宣泄各种情绪和想法。所以，选择什么样的T恤可以更直观地看出一个人具有什么样的性格，可以说，T恤已经成了人们个性的标语。

喜欢在T恤上印上自己名字的人，思想多是比较开放和前卫的，能够很轻松地接受一些新鲜的事物，他们对一些陈旧迂腐的老观念多是持一种相当排斥的态度。他们的性格比较外向，喜爱结交朋友，为人比较真诚和热情，所以通常会有比较不错的人际关系。他们的自信心还是很强的，有一定的随机应变能力，在不同的情况下，能够及时地做出应对策略。

习惯选择没有花样的白色T恤的人，多有自己比较独立的个性，他们不会轻易地向世俗潮流低头。他们往往具有一定程度的叛逆性，但表现的形式往往不是特别的明显和恰当。

喜欢选择没有花样的彩色T恤的人，自我表现欲望并不是特别强烈，他们甚至是可以甘于平凡和普通，做一个默默无闻的人。他们多比较内向，不太爱张扬，而且富有同情心，在自己能力许可的条件下，会去关心和帮助他人。

喜欢穿印有各种明星的画像及与之有关的东西的人，多是追星族，他们对那些人有无限的崇拜，并且希望自己有朝一日能像他们一样。

他们很乐于向别人表达自己的这种心理。

喜欢在 T 恤上印有一段幽默标语的人，多具有一定的幽默感，而且很聪明和智慧。另外，他们也是具有很强的表现欲望，希望自己能够引起别人的注意。

喜欢穿印有学校名称或大企业的标志装饰的 T 恤，这一类型的人多比较希望他人知道自己的身份，并且对自己所在的单位和企业具有一定的感情。他们希望能够以此为载体，吸引一些志同道合的人。

喜欢穿印有著名景点风景的 T 恤，这一类型的人对旅游总是情有独钟。他们的性格多是外向型的，对新鲜事物的接受能力很强，而且具有一定的冒险精神。自我表现欲很强，希望把自己所知道的一切都传达给他人。

帽子中的性格特色

对于人们来说，帽子被赋予了更多的功能，它不仅仅可以用来御寒，还是一种戴着美观给人树立某种形象的工具。世界各地都在生产形式各异的帽子，出入任何一家娱乐场所或大型酒楼餐馆，都会看到衣帽间的牌子，这说明帽子对于一个人来说有着很重要的用途，它可以帮人树立某种形象，使人的个性在众人面前得以展现。

1.爱戴礼帽的人

一个爱戴礼帽的人，往往认为自己稳重而有绅士风度。他的愿望是让人觉得他有沉稳和成熟的风格，在别人面前，他经常表现得热爱传统：比如喜欢听古典音乐和欣赏芭蕾舞等，与流行歌曲无缘，有时他甚至站出来反对这些他自认为是糟粕的东西，要求政府出面制止这些大逆不道的行径，他欣赏一个男人穿西服打领带，一个女人穿套装旗袍，从不正眼瞧袒胸露背穿超短裙的女人。

一般来说，这类人过分保守并且缺乏冒险精神，成就并不大，所干的事业也不像想象得那么顺心。

友情方面，他的朋友会觉得他保守、呆板、不容易掏真心，即使他在见面时斯文有礼，也不能加深他们之间的友谊，他和任何一个朋友之间的友谊都不能保持应有的深度。他有时也会想到这些，并试图努力去改变，但他天生的性格使他难以表达自己的心思，有时反而适得其反。

这类人所穿的皮鞋任何时候都擦得锃亮，而且所穿的袜子也一定给人以厚实的感觉，即使是炎热的夏季，他也会拒绝穿丝袜，同时他也讨厌凉鞋和穿着拖鞋走路。由于他看不惯很多东西，所以他很清高，有些自命不凡，认为自己是干大事的人，进入任何一个行业都应该是主管级的人物。

2.爱戴彩色帽的人

这类人清楚在不同的场合，穿不同颜色的服装，应该戴不同色彩的帽子。说明他是个天生会搭配且衣着入时的人。他喜欢色彩鲜艳的东西，对时下流行的东西非常敏感，每当城中出现新鲜玩意，他总是最先尝试的那批人之一，他希望人家说他的生活过得多姿多彩，懂得享受人生，并且总是以弄潮儿的身份走在时代前列。

这类人害怕寂寞，因为他精力旺盛朝气蓬勃，那颗不甘寂寞的心总是使他躁动不安，他经常邀请伙伴们一起到歌舞升平之地尽情玩耍。可当最后一支舞曲跳完后，曲终人散的那种滋味会马上浸满他的心头。

对于工作，他的热情和消极是成反比的，有时会为他带来一定的好运，当他热情起来时，就像有使不完的劲，一旦感到无聊时，空虚感马上袭满他的心头。为什么他不能使自己的精神生活变得更充盈一点呢？要知道总有一天，内在的空虚感会把他淹没的。

3.爱戴鸭舌帽的人

通常上点年纪的人才戴鸭舌帽，它显示出稳重、办事忠实的形象。如果男人戴这类帽子，那么他会认为自己是个客观的人，从不虚华，面对问题时，总能从大局着想，不会因为一些旁枝末节而影响整个大局。

这类人之所以这么做，是因为他是会自我保护的人，不愿轻易让别人了解他的内心。他不是个攻击型的人，但是个很会保护自我的防守型的人，所以他很少伤害别人，但也不容许别人伤害他。

这类人很会聚财，相信艰苦创业才是人生的本色，多劳多得是他的客观信条，他从不相信不劳而获或少劳多获，他认为他所拥有的财富来之不易，所以他从不乱花一分钱。

有时候，他自以为是老练的人，在与别人打交道时，就算对方胸无城府，他还是喜欢与别人兜着圈子玩，即使把对方搞得晕头转向，也不直接说出他的心思。

4.爱戴旅游帽的人

这种帽子既不能御寒也不能抵挡太阳的照射，纯粹是作为装饰之用。爱戴旅游帽的人用这种帽子来装扮自己，以投射某种气质或形象；或者戴上它另有企图，用来掩饰一些他认为不理想或者有缺陷的东西。

通过这些他所表现出来的特点看，他不是一个心底诚实的人，不肯以真面目示人，是个善于投机钻营的人，因此真正了解他的人少之又少，而一般人所看到的只是他的表面。

事业方面，这种男人也用他那套投机之术去钻营各种空档，有时也会收到不错的效果，但当他黔驴技穷时，就会被他的上司和同事看穿。

由于这类人过度聪明，过度自以为是，在别人面前既唱红脸又唱白脸，以为自己做得天衣无缝，其实别人早已看出他是个不可深交的人。因此他真正的朋友不多，多半是与他面和心不和的人，有时他也能看出自己的缺点，但由于他的本性所决定，他无法改变这些事实。

5.爱戴圆顶毡帽的人

这纯粹是一副老百姓的派头，对任何事情都感兴趣，但从不表达自己的看法，即使有看法也是附和别人的论点，好像这类人没有主心骨似的。

这类人并不是没有主张的人，他们只不过是个老好人罢了，不愿随便得罪一个人，哪怕对方是个最不起眼的人。从本质上讲，这种男人忠实肯干，他相信只有付出才有收获的道理。在他平和的外表下，有自己执着的观点，他相当痛恨不劳而获的人，相信君子爱财取之有道，对不义之财他从来不让它玷污自己的手指。

做每一件事情他都会全力以赴，投入巨大的精力和热情，对于报酬，他只拿属于自己的那一份。他是以自己的美德赢得尊重的。

选择朋友方面，他表面随和，其实颇为挑剔，他认同"道不同，不相为谋"的原则，因此，除非对方和他有相同的看法和观点，否则他是不会考虑和对方深交的。

从领带看行事原则

有这样一句话：衣冠楚楚是一个人最好的介绍信。对于大多男士来说，服饰文化体现了他的个人修养，同样，领带这件辅助饰物却有着比服饰还要重要的地位。领带的打法和色彩的搭配，尽显男士的格调。领带的作用类似于女士们的丝巾，但男人的行事原则和人品秉性，却可以完完全全地展现在领带打法与颜色的搭配上。若仔细观察周围的男人，便不难发现他们的蛛丝马迹。

1.领带结又小又紧的人

如果有这种喜好的男人身材瘦小枯干，则说明他们是有意凭借小而紧的领带结，让自己在他人匆忙的一瞥时显得"高大"一些。

如果他们并无体形之忧，则说明是在暗示他人最好别惹他们，他们不会容忍别人对自己有半点的轻视和怠慢。这是气量狭小的表现，由于在生活和工作中谨言慎行，疑心甚重，他们养成了孤僻的性格。他们凡事大多先想到自己，热衷物质享受，对金钱很吝啬，一毛不拔，结果几乎没有什么人愿意和他们交朋友，他们也乐于一个人守着自己的阵地，孤军奋战。

2.领带结不大不小的人

先不考虑领带的色彩和样式，也不管长相和体形如何，男人配上这种领带结，大都会容光焕发，精神抖擞。他们获得了心理上的鼓舞，会在交往过程中注重自己的言谈举止，所以不管本性如何，都显得彬彬有礼，不轻举妄动。

由于认识到领带的作用，他们在打领带结的时候常常一丝不苟，把领带打得恰到好处，给人以美感。他们安分守己，把大部分的精力放到工作当中，勤奋上进。

3.领带结既大又松的人

领带的作用是使男人更加温文尔雅，但打这种领带结的男人所展现的风度翩翩绝不是矫揉造作出来的，而是货真价实，是他们丰富的感情所展露出的风采；这类人不喜欢拘束，积极拓展自己的生活空间，主动与他人交往，练就了高超的交往艺术，在社交场合深得女人的欢心和青睐。

4.领带深蓝色、衬衫白色的人

"蓝领"代表职工阶层，"白领"代表管理阶层，他们将两者融合到一起，上下兼顾，少年老成，同时不乏风度翩翩；由于视野宽阔，白领的诱惑远远超过蓝领，所以他们对工作特别专注，事业心极重，结果在奋斗过程中常常出现急功近利的表现。

5.领带多色、衬衫浅蓝色的人

五彩缤纷是人们对美好事物的形容，充满了迷离和诱惑，普通人和勤奋的人往往对此敬而远之，所以选择这种领带和衬衫的人拥有一股市井气，热衷于名利；路边的野花繁多美丽，常常使他们心猿意马，见异思迁的他们对爱情往往不能专心致志，追逐的目标总是容易变换。

6.领带绿色、衬衫黄色的人

绿色象征生命和活力，是点缀大自然的最美妙的色彩；黄色代表收获和金钱，是财富与权势的徽章。这样搭配领带和衬衫的男人富有青春活力与朝气，想什么就做什么，不喜欢拖泥带水，对事业充满信心，不过有时鲁莽冲动，自控能力较差。

7.领带黑色、衬衫白色的人

黑白分明是对阅历丰富之人的形容，所以喜欢这种打扮的人多为稳健老成之士。由于看得多，感悟也多，他们懂得什么是人生的追求；善于明辨是非，相信"善有善报、恶有恶报"，正义在他们身上得到了最大的展现。

8.领带黑色、衬衫灰色的人

不用看他们的表情如何，仅这身打扮就让人有种不舒服的感觉。他们在穿着之时必先照镜子，能够接受镜中的压抑则说明他们有很深的忧郁，而这份忧郁是气量狭小所致，他们选择这身打扮，正是为了掩饰这个缺点。在工作当中，老板考虑到其他员工的情绪，常常请他们卷铺盖回家，所以他们经常变换工作。

9.领带红色、衬衫白色的人

红色象征火焰，代表奔放的热情，更是一种积极和主动的表现，所以男人选择红色领带，无异于想追逐太阳的光辉，以使自己成为大家关注的焦点。他们本应该属于充满野心的类型，但白色代表纯洁，是和平与祥和的象征，白色衬衫让别人对他们刮目相看，见到他们如火一样的热情和纯洁的心灵。

10.领带黄色、衬衫绿色的人

用辛勤的耕耘换取丰硕的收获，按照理想设计生活和人生，并勇于实施，他们流露出的是诗人或艺术家的气质。他们相信付出就会有回报，所以不会杞人忧天地担心秋后因为意外的暴风雨而颗粒无收；与世无争，保持柔顺的性情，对人非常和蔼可亲。

11.不会系领带的人

连系领带这种小事都要人代劳的人，大都心胸豁达而不拘小节。他们或是有某种常人没有的绝技在身，或是先天具有领袖才能，使他们不屑于将精力消耗在系领带这样的小事上。他们性情随和，有同情心，朋友甚多，口碑亦好，且夫妻情笃、家庭和睦。

淡妆浓抹女人心

人们大都希望通过化妆，力图使自己变得更加漂亮。而人们同样也可以通过妆容，对不同的人有所了解。正所谓：妆容描画女人心。

喜欢化流行的时髦妆的人，能很快地接受新事物，但常缺少属于自己的独立的个性，缺少必要的对未来的规划，她们不知道节省，自我表现欲望强烈，希望自己能够引起他人的注意，城府不是特别深。

喜欢浓妆艳抹的人，自我表现欲望强烈，总是希望通过一种比较极端的方式吸引他人，尤其是异性更多关注的目光。她们的思想比较前卫和开放，对一些大胆的过激行为常持无所谓的态度。她们为人真诚、热情和坦率，虽然有时会遭到一些恶意的攻击，但仍能够尊重他人。

喜欢化自然妆的人，她们多是比较传统和保守的，思想有些单纯，富有同情心和正义感。但不够坚强，在挫折和打击面前常会显得比较软弱。为人很真诚，从来不会怀疑他人有什么不良动机。

喜欢化小丑般的红脸颊，紫色的眼影，眼睛周围黑黑的妆的人，可能并不认为这是美的象征，她们很可能是在进行某种情感宣泄。她们多具有相当强烈的叛逆心理，喜欢和一切常规的思想和行为做斗争。

从很小的时候就开始化妆，一直保持着同样的模式的人，多有一些怀旧情结，常会陷入过去的某种回忆当中，享受往昔的种种，但也能很快地走出来。她们比较实际，能够尽最大努力把握住目前所拥有的一切。她们为人真诚、热情，所以人际关系不错，有很多志同道合的朋友。她们很容易获得满足，但是有一点跟不上时代的潮流。

喜欢用很长的时间化妆的人是完美主义者，凡事总是尽力追求达到尽善尽美。她们大多有很强的毅力。她们对自己的外表并没有多少的自信，所以在这方面会花费大量的时间、精力甚至是财力。但由于她们过分地加以强调外在的形象，总会给人造成一种相当不自在的感觉。

喜欢化异国色彩比较浓重的妆的人，有比较丰富的想象力，身体内有很多的艺术细胞，希望自己能够成为一个艺术家。她们向往自由，渴望过一种完全无拘无束的生活。她们常常会有许多独特的、让人吃惊的想法，是个完美主义者。

无论在什么时候都化妆的人，她们多对自己没有自信，企图借化妆来掩饰自己在某一方面的缺陷。她们善于把真实的自己掩蔽起来。

在化妆的时候，特别强调脸部某一部位的人，她们多对自己有相当清楚的认识，知道自己的优点在哪里，更知道自己的缺点在哪里，尤其懂得如何扬长避短。她们多对自己充满自信，相信经过努力一定能够实现自己的理想。她们很现实和实际，并不是生活在虚无缥缈的幻想中的一类人。她们在为人处世等各个方面都非常果断，并且能保持沉着、冷静的态度。

喜欢化淡妆的人，自我表现欲望并不是特别的强，有时甚至非常不愿意让他人注意到自己。这一类型的人有很多都是相当聪明和智慧的，也会获得一定的成就。她们拥有自己的绝对隐私，并且希望能够在这一点上得到他人的尊重和理解。

从来都不化妆的人，追求的是一种自然美。这一类型的人对任何事物都不局限在表层肤浅的认识，而是更看重实质的东西。在她们心里有着非常强烈的平等观念，并且不断地追求和争取平等。

另外，你知道女性在化妆时，最在意的是哪个部位吗？答案是最能起到点睛作用的嘴唇。

口红的颜色多得让人眼花缭乱。口红的选择与女性的潜在性格有很大的关系。假如问男性"在第一印象中，你感到最具女性性魅力的是哪个地方"时，回答嘴巴的男性很多。

（1）粉红色系：此为最常见的口红色系，是表示女性纯洁、可爱之色。在初次约会时，很多女性会涂粉红色口红。

淡粉红色和鲜亮粉红色所给人的印象是完全不同的。淡粉红色有着一种清纯的气氛，鲜亮粉红色则较为爱玩的女子所喜用，但不论哪一种，都很吸引男性。

（2）红色系：红色口红能强调嘴唇，给人一种成熟的感觉。没有自信的女性是不会涂此种颜色的口红的。

（3）橘色系：最柔软，又易让人感到亲近的，就是橘色系的口红。它不像粉红色般轻浮，也不像红色般强烈，而是给人一种中庸的印象。

喜欢这种颜色口红的女性，很能够自我控制，具有优异的判断力。

多半是尽忠职守的上班族女郎。在恋爱方面，此种女性乃是属于为男性奉献牺牲的类型。因此，在家庭里，是个好母亲、好妻子。而正因为如此，一旦遭男性背叛，就会妒火难熄。

（4）褐色系：虽然不华丽，但给人一种安详感的，就是褐色系的口红。喜欢此种颜色的女性，多是对自己的感觉有自信的。不论在化妆上或打扮上，都自有一套。

这种人对流行很敏感，是肯花时间自我磨炼的人。对于金钱、恋爱，都能以冷静的态度对待。对男性也有着敏锐的观察力，理想很高。

（5）紫色系：自我显示欲很强，喜欢化妆后的自己。一般说来，此种人喜欢浓妆艳抹，不论是发型或打扮都力求引人注目。此种人愿意照着自己的方式生活，不喜欢平凡的生活方式。

给男性的印象是不易靠近，但因此反而具有受男性喜欢的不可思议的魅力和个性。这种类型的人大都属于女权主义者，常要对方照着自己的原则走。

（6）珍珠色：喜欢涂有珍珠色口红的女性，有着明确的自我主张，是富于个性且热情的人。对于自己的欲望能直接地表现于外，希望过着自由自在，想做什么就做什么的生活。在恋爱方面，讨厌受男性的束缚，有着期待冒险的强烈心情。

提包中的大学问

在当今社会，提包在人们的工作、学习和生活当中是非常重要的一件物品，很多时候它几乎与人形影不离，人走到哪里，它们也随之被带到哪里。正是因为提包具有如此非同寻常的作用，所以，它们在一定程度上可以向外界传达一定的信息，让外界通过提包来认识提包的主人。

提包的样式是多种多样的，人们可以根据自己的喜好进行选择。一般来说，选择的提包比较大众化的人，他们的性格也比较大众化，或者是说没有什么特别鲜明的、属于自己的个性。他们在很多时候都是随大流，大家都这样选择，所以他们也这样选择，没有自己的主见，目光和思想比较平庸和狭窄。人生中多少有收获，而无大的成就和发展。

提包里的东西摆放得乱七八糟，没有一点规则，要找一件东西，需要把提包内的所有东西全部倒出来，这样的人的生活是杂乱无章的，奉行的是"无所谓"的随便态度。这一类型的人做事多比较含糊，目的性不明确，但对人通常都较热情和亲切。可是由于他们的生活态度有些过分随便和无所谓，所以常常会使自己陷入比较难堪的境地。和这一类型的人相识、相交都比较容易，但是分开也不难。

提包内的各种东西摆放得层次分明，想要什么伸手就可以拿到，这说明提包的主人是一个很有原则性的人，他们多有很强的进取心，办事认真可靠，待人也较有礼貌。一般来说，这一类型的人有很强的自信心，且组织能力突出。但缺点是他们大多比较严肃、呆板，会过多地拘泥于生活中的某些细节。

选择的提包特别有特点，甚至是达到那种让人看一眼就难以忘却的程度的人，其性格可能要分两种不同的情况来分析：

一种是他们的个性的确特别强，特别突出，对任何事物都能从自己独特的思维、视觉等各方面出发，从而做出选择。这一类型的人多具有艺术细胞，他们喜欢我行我素，不被人限制，而且他们标新立异，敢冒风险，具有一定的胆识和魄力。如果不出现什么意外，自己又肯努力，将会在某一领域做出一定的成绩。

另外还有一种人，他们并不是真正有什么个性，也没有什么审美眼光，不过是为了要显示自己的与众不同，故意做出一些与其他人迥然有异的选择，以吸引更多的目光罢了。这一类型的人自我表现欲望及虚荣心都比较强。

选择的提包多是休闲样式的人,可以看出他们的工作有很大的伸缩性,自由活动的空间比较大。正是由于这样的条件,再加上先天的性格,这类人大多很懂得享受生活。他们对生活的态度比较随便,不会过分苛刻地要求自己。他们比较积极和乐观,也有一定程度的进取心,能很好地安排工作、学习和生活,做到劳逸结合,在比较轻松惬意的氛围里把属于自己的事情做好,并取得一定的成就。

选择的提包多是公文包,这也从一个侧面说明了提包主人工作的性质。他们可能是某个企事业单位的老总,如果是普通职员,也是比较正规的单位的。选择公文包可能是出于工作的需要,但在其中多少也能透出一些性格的特征。这样的人大多办事比较小心和谨慎,他们不一定非得要不苟言笑,即使是有说有笑,对人也会相当严厉。当然,他们对自己的要求往往更高。

有小把手的方形或长方形的手提包,在有些时候可以当成是一件配饰。这种手提包外形和体积都相对比较小,所以使用起来并不是特别的方便。喜爱这一款式手提包的人,多是没有经历过什么磨难的人。他们比较脆弱和不堪一击,遇到挫折容易妥协和退让。

喜欢中型肩带式手提包的人,在性格上相对比较独立,但在言行举止等各个方面却是相对较传统和保守的。他们有一定相对自由的空间,但不是特别的大,交际圈子比较狭窄,朋友也不是很多。

非常小巧精致,但不实用,装不了什么东西的手提包,一般来说,应该是年纪比较轻,也不深,比较单纯的女孩子的最好选择。但如果已经过了这样的年纪,步入成年,非常成熟了,还热衷于这样的选择,说明这个人对生活的态度是非常积极而又乐观的,对未来充满了美好的期待。

比较喜欢具有浓郁的民族风味、地方特色的小提包的人,自主意识比较强,是个人主义者。他们个性突出,往往有着与他人截然不同的衣着打扮、思维方式等等。他们有些时候显得与他人格格不入，所以说，营造出比较好的人际关系存在着一定的困难。

喜欢超大型手提包的人，性格多是那种自由自在、无拘无束的，他们很容易与他人建立某种特别的关系，但是关系一旦建立以后，也会很容易破裂，这也是由于他们的性格所决定的，因为他们的生活态度太散漫，缺乏必要的责任感。虽然他们自己感觉无所谓，但却并不是其他所有人都能容忍和接受的。

把手提包当成购物袋的，多是希望寻找捷径，在最短的时间内以最小的精力把事情办成的人。他们很讲究做事的效率，但做起事来又比较杂乱无章，没有一定的规则，很多时候并不能如愿以偿。他们的性格多比较随和与亲切，有很好的耐性，满足于自给自足。在他们的性格中感性的成分要比理性的成分多一些，做事有些喜欢意气用事。独立能力比较强，不太习惯于依赖别人。

一个手提包，但有很多的口袋，可以把各种东西放到该放的位置。选择这样的手提包的人，说明他们的生活是十分有规律性的，而且能在大多数的时候保持清醒的头脑，不会轻易做出糊涂的事情。

喜欢金属质手提包的人，多是比较敏感的，能够很快跟上流行的脚步，他们对新鲜事物的接受能力是很强的。但是这一类型的人，在很多时候自己并不肯轻易地就付出，而总是希望别人能够付出。

喜欢中性色系手提包的人，其表现欲望并不是很强烈，他们不希望被人注意，目的是减少压力。他们凡事多持得过且过的态度，比较懒散。在对待他人方面，也喜欢保持相对中立的立场。

不习惯于带手提包的人，其性格要分几种情况来说，有可能是因为他们比较懒惰，觉得带一个包是一种负担，太麻烦了。还有一种可能，是他们的自主意识比较强，希望独立，而手提包会在无形当中造成一些障碍。两种情况都是把手提包当成是一种负担，可以显示出这种人的责任心并不是特别的强，他们不希望对任何人任何事负责任。

喜欢男性化皮包的人（这里当然是针对女性而言，因为男性本应该选择男性化皮包），一般来说都是比较坚强、剽悍、能干的，并且趋于外向化的。

鞋与人

谈到鞋子，它和帽子在功能上有些相像，它们都远远超越了其基本功能，鞋子并不是单纯地起到保护脚的作用，这只是一方面。在观察他人的鞋子的时候，我们除了注意其美观大方外，还可以通过它对一个人进行性格的观察。

始终穿着自己最喜爱的一款鞋子，这一双穿坏了，会再去买另外一双，这样的人思想多是相当独立的。他们知道自己喜欢什么，不喜欢什么，他们很重视自己的感觉，而不会过多地在意他人怎样看。他们做事是比较小心和谨慎的，在经过仔细认真地思考以后，要么不做，要做就会全身心地投入，把它做得很好。他们很重视感情，对自己的亲人、朋友、爱人的感情都是相当忠诚的，不会轻易背叛。

穿细高跟鞋，脚在一定程度上是要受些折磨的，但爱美的女性是不会在意这些的。这样的女性，表现欲望非常强，她们希望能引起他人尤其是异性的注意。

喜欢追着流行走，穿时髦鞋子的人，有一种观念，那就是只要是流行的，就全部是好的，但没有考虑到自身的条件是否与流行相符合，有点不切合实际。这种人做事时常缺少周全的考虑，所以会顾此失彼。他们对新鲜事物的接受能力比较强，表现欲望和虚荣心也强。

喜欢穿靴子的人，自信心并不是特别强，而靴子却在一定程度上能为她们带来一些自信。另外，她们很有安全意识，懂得在适当的场合和时机将自己很好地掩蔽起来。

喜欢穿拖鞋的人是轻松随意型人的最佳代表，他们只追求自己的感觉和感受，并不会为了别人而轻易地改变自己。他们很会享受生活，绝对不会苛求自己。

喜欢穿运动鞋说明这是一个对生活持相对积极乐观态度的人，他们为人较亲切和自然，生活规律性不强，比较随便。

热衷于远足靴的人，在工作上投入的时间和精力相对要多一些，他们有很强烈的危机感，并且时刻做好了准备，准备迎接一些可能突然发生的事情。他们有相对较强的挑战性和创新意识。敢于冒险，向自己不熟悉的未知领域挺进，并且有较强的自信，相信自己能够成功。

喜欢穿露出脚趾的鞋子，这样的人多是外向型的人，而且思想意识比较先进和前卫，浑身上下充满了朝气和自由的味道。他们很乐于与人结交，并且能做到拿得起放得下，较洒脱。

喜欢穿系鞋带的鞋子的人，性格多是比较矛盾的，他们希望能有人来安排他们的生活，对于安排好的一切，却又总想反抗。为了化解这种矛盾，他们多是在尊重他人为自己所做的安排的同时，又寻找自由的空间，以发展自己，释放自己。

喜欢穿没有鞋带的鞋子的人，并没有多少特别之处，穿着打扮和思想意识都和大多数人差不多。他们的思想很传统和保守，中规中矩，追求整洁，表现欲望不强。

小饰物中的大信息

古语云："清水出芙蓉，天然去雕饰。"自然之美固然让人陶醉，但除此以外，一些人为的创造，也同样会使人在自然美的基础之上增加几分色彩。那么，佩戴饰物就是装扮一个人的方式之一。

一个人选择什么样的饰物，才能与自己的个性相匹配？只有彼此相互吻合，才能达到最好的效果。而这种选择，也就是一个人性格的外露。通过佩带的饰物，往往也能观察出一个人的性格。

喜欢戴手镯的人，多是精力充沛，很有朝气和活力的。他们多是比较聪明和智慧的，并且有某一方面的特长。他们是有追求，有理想的一群人。他们在绝大多数时候知道自己想要些什么，并且会主动去追求自己想要的东西，甚至有些时候感到很迷茫也仍旧不会放弃，而是在行动过程中进行探索。手是展示手镯的必要载体，在这个展示过程当中，人与人可以进行情感的沟通。

喜欢戴耳环的人，自我表现欲望一般来讲是比较强的，他们很想向他人展示自己的价值和地位、身份，以吸引他人的目光，给他人留下深刻的印象。他们在通常情况下是很在意他人对自己持怎样的态度。

戒指相对来说是一种比较普遍的饰物，它往往是个人品位、社会地位和经济状况的象征。选择的戒指和戴戒指的手指，多代表一个人的价值观。戒指戴在小拇指上非常生动，它代表这个人喜欢灿烂华丽；戴在食指上，表示此人个性率直、坚强；戴在中指上则代表传统和均衡。

讲究衣着，重视整体的搭配，常常会带一枚胸针，这样的人是相当重视自己在他人眼中的形象的。他们在为人处世方面多比较小心和谨慎，不会贸然地做出某种决定。他们有一定的疑心，不会轻易地相信某一个人，即使是对非常要好的朋友，也是有一定保留的。他们希望自己能够引起他人的注意，但又总是习惯于用谦虚的态度来掩饰这种心理。

喜欢用珠宝来当作装饰品，对服饰起到某种点缀的作用，这在很多时候并不是为了突出表现自己的个性，而是为了配合整体造型，达到一种相对和谐的程度而存在的。这样的人可以称得上是完美主义者，他们凡事总是竭力追求完美。他们的自我表现欲望不是太强烈，他们更在乎的是自己是否可以完全融入某一种氛围当中，与其他人打成一片。

所选择的装饰品具有很浓厚的民族风格，这样的人一般来说个性是相当鲜明的，他们总是有自己独特的思维和见解。

喜欢佩戴体积大、灿烂醒目珠宝的人，多爱招摇和卖弄，他们无论走到哪里，总会吸引许多人的目光。他们比较热情，并且这种情绪还会传染给其他人。他们比较积极和乐观，喜爱幻想。

喜欢佩戴体积小又不太显眼的珍宝首饰的人，多是谦虚而又稳重的。他们的内心多十分平静，在任何事情面前都能保持泰然自若。他们一般不太希望能够引起他人的注意，随便自然一些反倒更好。

在女人的众多饰物之中，戒指更是重中之重。人的双手在生活中常是起着至关重要的作用的，它在无形之中会向人泄露许多的秘密，这除了手的形状、特质外，还与佩戴的饰物有着密切的关系。戒指是手上最常见的一种饰物，通过戒指可以了解它与人性格之间的关系。

一个人戴的如果是结婚戒指，那么这枚戒指越大越华丽，则表明这个人的自我膨胀感和表现欲望越强烈。如果戒指是紧紧地套在手指上，则表明他对人很忠诚，反之亦然。

戴附有生辰标志的戒指的人，他们多是很想让他人了解和注意自己，同时也非常想去了解他人，并且会给予他人一定的关注。

戴刻有家族标志的戒指的人，说明他对家庭是相当重视的，而且也有表现、证明是这一家族成员的心理。

喜欢戴钻石戒指的人，他们希望借此引起他人的注意。常会为自己所取得的成就沾沾自喜，而且还有一点骄傲自满，常陶醉在过去的美好意境当中。

乐于戴一枚小戒指的人，多有比较丰富的想象力和突出的创造力，只是这些东西时常不适合生活，他们常怀着非常迫切的心情，想向他人说明自己的想法。他们的生活态度相对比较积极，在很多时候知道该如何适当地表现自己。

手工戒指多是非常独特和复杂的，对这种戒指情有独钟的人，他们的性格大多也是如此。他们也有较强烈的表现欲望，为了让他人认识和关注自己，他们可能会花费很大一番心思。他们喜欢标新立异，树立自己独特的风格，并且有十足的信心认为自己一定会成功。

从来不戴戒指的人，他们并不喜欢杂乱和烦扰的感觉。他们在生活中凡事总是力求自然舒适，这样他们才会感到自由，可以无拘无束地表达自己的各种思想和情绪。

第九章　如何交朋友，本章告诉你

你是否奇怪要好的朋友为什么突然和你疏远起来？你是否有认识很久以后才发现原来你根本不了解他们的朋友？所有这些问题，归根结底，都是人际交往中的心理问题。人心难懂，但必定有迹可循，本章为你提供了看透朋友心理的绝佳秘径。读懂隐藏在朋友内心世界的点点滴滴，让你找回老朋友，结识更多新朋友。

弄清楚朋友的类型

每个人都需要朋友，但是朋友是分为很多类型的，每个人在交结朋友时都应分清朋友的类型，以便达到自己的目的。下面是朋友的几种主要类型。

1.诤友型

诤，直言规谏。即在朋友之间敢于直陈人过，积极开展批评的人。奥斯特洛夫斯基说："所谓友谊，这首先是诚恳，是批评同志的错误。"交诤友是正确选择朋友的一个重要方面。诤友，像一面镜子，能照出每个人身上的污点。

《三国志·吕岱》中有这样一个故事，吕岱有个好友徐原，"性忠壮，好直言。"每当吕岱有什么过失，徐原总是公正无私地批评规劝。徐原的这种做法受到了一些人的非议，吕岱却赞叹说："我所以看中徐原，正由于他有这个长处啊！"直言敢谏，言所欲言，指出朋友的过失或错误，这样才是对朋友真正的爱护。陈毅元帅曾写过两句诗："难得是诤友，当面敢批评。"《诗经》上"如切如磋，如琢如磨"的诗句，也是说朋友之间要互相帮助，互相批评。人非圣贤，孰能无过？有了过失，在别人的帮助下，则可以及时发现并得到改正。

2.导师型

在人生的道路上，如果得到导师型朋友的指点和帮助，就能使你少走弯路。历史上不乏这样的例子，有的人竭尽平生之力，但在事业上一筹莫展，结果朋友的一句话，却使他顿开茅塞。"听君一席话，胜读十年书"就是这意思。导师型的朋友往往在某一领域有着丰富的经验。科学史上戴维和法拉第的友谊，一直被人传为佳话。当法拉第成为近代电磁学的奠基人，誉满全欧洲时，他还是常对人说："是戴维把我领进科学殿堂大门的！"可见，导师型的朋友常为困境中的友人指点光明所在，常为在事业上做最后冲刺的友人送去呐喊和力量。

3.异性型

古今中外，都流传着许多男女之间友谊的动人故事。俄国音乐大师柴可夫斯基和梅克夫人之间的友谊，便是其中一例。有一次，梅克夫人在听完柴可夫斯基的《第四交响乐》后，回家马上写信给柴可夫斯基，"在你的音乐中，我听到了我自己……我们简直是一个人。"

由于性别上的差别，一般来讲，男性刚强、勇敢，女性心细、富有同情心。在困难和挫折面前，女性需要男性的保护和帮助，男性则需要女性的安慰和体贴。因此，异性之间的友谊也可以像同性友谊一样密切，并可产生特殊的力量。

4.患难型

患难之交对人生的重要性丝毫不亚于长期交往的朋友，尽管事过境迁，但友谊却与日俱增。他们相逢于危难之中，相助于困难之时。相同的命运和遭遇铸造了强有力的友谊链条，使友谊牢不可破。因为他们相交于人生的十字路口，即使在一起的时间十分短暂，但毕竟相互分享了忧愁和困苦，这会使友谊因基础牢固而地久天长。

5.娱乐型

人，除了工作、学习之外，还需娱乐、休息。而且许多娱乐活动需要两人以上才能开展，于是，便产生了娱乐型朋友。德国近代蜚声文坛的大诗人歌德和席勒，他们的友谊历来为人们所称颂。他们两人经历不同，性格各异，但从1794年开始初交，直至1805年席勒去世，十载春秋，两人情同手足，正是因为他们的友谊植根于兴趣和爱好相同。正如歌德所说："像席勒和我这样两个朋友，多年结合在一起，兴趣相同，朝夕晤谈，互相切磋，互相影响，两人如同一人……这里怎么能有你我之分呢？"

人的生活岁月，主要由劳动时间和闲暇时间组成，兴趣和娱乐可以给事业增辉。值得一提的是，过去我们常把娱乐型朋友看成是吃喝玩乐的酒肉朋友，甚至把它与"轧坏道"相提并论。其实，这是一种偏见。健康的娱乐活动能陶冶人们的性情，娱乐型朋友之间同样能建立真挚的友谊。随着人们物质文化生活水平的迅速提高，生活内容将变得更加丰富多彩，社交范围也势必随之扩大，娱乐型朋友必然会成为朋友中的一个重要类型。

6.信息型

这类朋友交友甚广，从事新闻、资讯或某种社会性工作，他们对新鲜事物有一种特殊的敏感，常被人称作"消息灵通人士"。在当今社会，信息已成为不可缺少的宝贵财富，众多信息报刊和沙龙的出现，就很能说明问题。据说有一位科研工作者花了近十年的时间，搞出了一项发明，后来才知道类似的产品早在十多年以前别人就已发明了，并申请了专利。这位科研工作者白白浪费了这么多时间和精力，如果当时有一位这方面信息灵通的朋友，事先把消息告诉他，就不会有这样的遗憾事了。

根据气质来认识朋友

气质是人的学识、修养和内心世界的综合反映。一个人的气质和他的行为有着密切的关系，气质常常决定一个人行为的方式，而行为又表现为与气质相吻合的特征。辨别一个人的气质，对于合理调配人的行为规范是有重要影响。

从今天的观点来看，人的性格确实与先天气质有关系。要了解那些从娘胎里给我们带来的气质特征，对照下列内容可以有一个大致的了解：

1.躁郁型

能与性格古怪、思维方法不一样的人轻松往来；乐意为他人服务；听到悲哀的话，立即为之感动；做事冲动，常办错事；常被他人称为好好先生；遇事不冷静思考就立即采取行动；服从分配，领导叫干啥就干啥；对初次见面的人很容易亲近；能轻松地与人谈笑，开玩笑；不古怪，不别扭。

2.积极型

刚毅勇敢,不输他人;在别人的眼里,他是一个有作为的人;不重利,认为得利必有失;坚信自己的信念;善于自我解释;经常积极、活跃地活动,与自己的心情好坏无关;动手能力强,自我倾向性强;不易接受他人意见;做事有恒心,失败了不灰心,顽强奋斗,坚持到底;不受他人情绪好坏的影响。

3.分裂型

不善交际,独自一个人也不寂寞;宁愿多思考,也不轻易采取行动;呆呆地好像在想什么问题;对他人的喜怒哀乐并不介意;人家都娱乐时,他会为自己的某一件事而忧虑;有点神经质,对世俗的反应显得迟钝;给人的印象是冷淡,不易亲近;并非恶意,但有时会挖苦人家;进入新环境中,不容易与他人亲近;对任何事物总是从广泛的角度去深思理由,不喜欢在某一规定范围内行动。

4.黏着型

做任何事一开始就孜孜不倦,有耐心;常被人指责为不通融合群;做事毫不马虎;与人交往中绝不缺情,正义感很强;处理事物时,原则性很强,但方法不太"漂亮";常勃然大怒;专心处理一件事时,未做完之前,其他事一概不管;一方面积极,一方面保守;喜好洁净。

5.否定型

内心烦恼,但表情上不表露;自卑感强;做什么事都犹豫不决,没有决心做下去;不希望想的事,偏偏要留在脑子里想;即使是微不足道的小事,也表现出恐惧之感;自己做过的事,时常挂念在心里;对做过的什么事都没有满意的时候;已经过去的不顺利的事,还永远记在心里,闷闷不乐;意志消沉,没有耐心;应该说的不敢说出来。

6.折中型

有时含着微笑讲话，有时却冷淡对人；时常无缘无故地不耐烦、大发雷霆；平时心情悲观，但有人安慰时显得高兴、愉快、任性，说话表情过分；相信道听途说，容易接受他人暗示；喜欢华丽，好摆阔气；有时爱撒娇；多嘴多舌，但感情冷淡；喜好炫耀自己。

除人的类型之外，血型也是影响气质的重要因素。我们知道，每个人都有自己的血型特征、气质特征和性格特征。血型特征与气质特征都以遗传因素为主，绝大多数成分产生于先天。

西方传统的心理学把人的气质分为四种类型，即多血质、黏液质、胆汁质、抑郁质。

多血质的人优点是：姿态活泼、热情，语言富有表现力和感染力，善于交际，行动敏捷，很容易适应变化着的生活条件；缺点是注意力易分散，做事易轻率，兴趣广泛但不稳定，缺乏耐力和毅力。多血质的人比较适合做社交性、文艺性、多样化、要求反应敏捷且均衡的工作，而不太适应做研究性的工作。他们可从事广泛的职业，如医生、律师、运动员、新闻记者、外交人员、管理人员、驾驶员、冒险家、服务员、侦察员、干警、演员等。

黏液质的人优点是：安静、稳重、沉着、善于忍耐；缺点是沉默寡言，情绪体验深刻不易外露，行动迟缓，遇事谨慎，不够灵活。黏液质的人较适应做刻板平静、有条不紊、耐受性较高的工作，而不适宜从事激烈多变的工作。这种人可从事的职业有：外科医生、管理人员、出纳员、播音员、法官、会计、调解员。

胆汁质的人优点是：热情、直率、精力旺盛、言语明确、富有表情，具有坚忍不拔的毅力；缺点是脾气暴躁、性急、情绪易冲动，表情外露。胆汁质的人比较适合做动作有力、反应敏捷、应急性强、危险性较大、难度较高而费力的工作，但不适合从事稳重、细致的工作。这种人可从事的职业有：导游、演讲者、勘探工作者、节目主持人、外事接待人员等。

抑郁质的人优点是：谨慎、细心、体验深刻、智力透彻、想象力丰富，善于觉察别人不易觉察的细节；缺点是孤僻，多愁善感，行动迟缓，优柔寡断。抑郁质的人能够兢兢业业地工作，适合从事持久细致的工作，如打字员、技术员、排版工、检查员、登录员、化验员、制绣雕刻工、机要秘书、保管员，但不适合反应灵敏、处事果断的工作。

根据兴趣爱好来认识朋友

1.运动方式不同见人情趣

如果一个人选择了某种运动，那么他所选择的运动项目中便透露出他在身心两方面的需求，展现他的个性。

（1）在体育馆或健身俱乐部运动。

他并不反对为了锻炼身体和维持健康而受苦。他喜欢有人陪他一起受苦，这样运动完后，在蒸气房里，就有伴可以互相怜惜。

（2）有组织的运动。

无论他是在学校的操场打篮球，或是在海滩上打排球，他最爱的不是运动而是参与运动所得到的乐趣。他是团队中的一分子，这点在他的生命中占了很重要的位置。下班后和他一块儿打球的那些人，通常是他高中时代的老朋友。

（3）利用家庭运动器材运动。

广告使他相信，这类运动不需要费多少力气就能够达到真的运动的效果。不过，他很快就会发现，只有广告里的模特儿才有办法边运动边露出微笑。他的运动器材，现在正摆在大厅接收灰尘。

（4）举重。

他比较在意形式，较不重视内涵。他最在乎的是外表，仿佛他也有一副好得不得了的身材。举重赋予他令他人称羡的力量，这使他觉得自己很特别，能够做某些没几个人能够做到的事。

（5）竞走。

他讨厌跟随人群，偏爱展露自己特殊的品位。如果正好有一种时尚流行，例如慢跑，他一定会另外找个新花样。他的行为经常不符合传统。

（6）有氧舞蹈。

喜欢这种形式的体操，表示他对自己的身体抱着一种圆融的态度，因为这种运动每一动作间的连接都相当自然流畅。为了展现优美的舞步，同时培养耐力，他除了着重肌肉的力量外，还特别在意体态的优雅，他不排斥做一些别人觉得既繁重又乏味的工作，因为他懂得把工作当作游戏的诀窍。

（7）喜欢骑自行车。

他比慢跑的人更懂得经济运动学，因为他晓得如何以同样的能量走更远的路；此外，他还可以坐下来运动大腿。爱好自行车的他，不像爱慢跑的人那么死板，他会经常设定路线（慢跑的人通常都顺着同一条路线跑）。

（8）瑜伽。

瑜伽与外在身体及内在器官的流畅性有关，尤其和脊椎顺畅与否更是关系密切。喜爱练习瑜伽的他，深刻体会到呼吸是控制自己生命的一种方法，也了解冥想和体力的发挥是同样重要的。在一般情况下，倒立有助于拓展视野，使他对事情的看法更透彻圆融。他可能不太喜欢做家务，但他没有抱怨，反而把做家务的过程转变为一种自我修养、自我改进的训练。别人想使他觉得厌烦、无聊，恐怕是一件很难的事；不过，如果他想使别人觉得厌烦、无聊倒是易如反掌。

（9）散步走路。

走路虽然没办法出风头，但却是一项最健康的运动。走路既不稀奇又不时髦（就和他的为人一样），但长期走下来，却令他受益无穷。他对需要紧急完成的计划没兴趣，不喜欢马拉松赛跑或吸引他人注意。他是一个有耐心的人，有信心面对一切事物。

（10）不运动。

如果他知道自己的身材已经完全走样了，恐怕会心脏病发作。即使到这个时候，他仍然相信医学科技可以像以前一样把他"修理"得完好如新。危机的降临是突如其来的，他实在不擅长训练自己，只好强迫他人来训练他。所以，他虽然不慢跑，但却是第一个跑去看医生的人。

2.听不同音乐可区分朋友性情

音乐是人类生活当中一项重要的娱乐活动。现今，乐器和音乐的种类可谓五花八门。很多人和音乐结下了不解之缘，他们有的把音乐当成知己，把自己最深的感触向音乐倾诉；有的人把音乐当成毕生理想来追求，坚持不懈；也有的人把音乐当成导师，借用音乐的震撼来激发自己的活力和动力。由此可知，通过分析喜爱音乐的种类也可以窥探到人的某些性格。

（1）喜欢交响乐的人,信心十足,踌躇满志,凡事只想积极的一面，所以能够迅速和他人打成一片，但对别人盲目相信往往导致吃亏和受损失；喜欢显露自我，处处显示自己的不平凡，希望上流社会能有自己的一席之地，有不务实的缺点。

（2）喜欢听凄美歌曲的人，多愁善感，心地善良，体恤他人。歌曲如他们生命历程中的灯塔，指引他们前进的方向，在他们人生的大起大落中，音乐常常起到推波助澜的作用。

（3）喜欢歌剧的人，思想传统保守，容易情绪化，易出现偏激行为。

他们清楚自己的这个弱点，所以总是极力控制自己，避免不愉快产生。有很强的责任感，对自己的一举一动认真负责，力求以一个完美的形象出现在大众面前，处处要求尽善尽美。

（4）喜欢摇滚乐的人，害怕孤独，不能忍受寂寞，喜动不喜静，爱好体育运动；愤世嫉俗，对社会有不满情绪，经常把持不住自己，有时候会出现不愉快的事情，但他们并不在意；非常喜欢到处张扬，能引人注目，但不会给人留下深刻的印象；能够将爱好作为强有力的指导，借用摇滚巨星的光环使自己在世俗当中趋于平静，找到心灵上的慰藉；喜欢团体，将音乐作为满足各种欲望的工具。

（5）喜欢进行曲的人，墨守成规，不求变迁，满足现状，力求臻至完美，对自己要求甚高，不允许所做的事出现半点差错，而现实中的不完美常常使他们动摇、失望甚至遍体鳞伤。

（6）喜欢乡村音乐的人，成熟老练，轻易不会做出令自己后悔或有损利益的事情。他们细心而又敏感，喜欢关注社会问题，能够与遭受欺凌的弱小同呼吸。他们追求安静和怡然，不喜欢大城市的纷繁与喧闹，喜欢过一种完全由大自然控制的田园生活，并为此不遗余力。

（7）喜欢打击乐的人，耿直爽快，对生活充满了希望，并精心设计自己的未来；为人处世以和为贵，不挑剔，同时也喜欢谈笑风生，具有很强的社交能力，能够受到大多数人的欢迎。

（8）喜欢流行音乐的人，属于平凡的随波逐流类型，在恋爱和人际交往过程当中远离复杂的思虑，家人或爱人会为他们解决人生中诸多的问题，他们随时准备被感情俘虏；深层次的自省和强烈的感情是最不能忍受的，力图通过听音乐保持轻松和自在。

（9）喜欢古典音乐的人，理性较强，比较善于自省，能够用理智约束情感；从音乐中汲取相当多的人生感悟，结果常常形单影只，因为很少有人能与他们的思想和感情产生共鸣。

（10）爱好爵士乐的人，性格当中感性成分占的比例较大，很多事情都是凭一时头脑发热而去涉及，往往脱离客观实际。不喜欢受到约束，我行我素，总是有一些荒唐的幻想；追求新奇，讨厌一成不变，五光十色的夜生活常常令他们流连忘返；生活与理想相差太远，常常会感到一种莫名的恐惧与难以化解的矛盾。

3.阅读层次可见朋友性情

报纸是一种信息载体，可以满足我们的很多需要，使我们既可以了解身边的新闻，也可以纵观世界风云，报纸已成为人类生活必不可少的重要内容之一。而每个人都有不同的阅读报纸习惯，如有的人得到报纸后会如饥似渴地看个大概，有的人则会留到没事做的时候再拿出来细细品读。

（1）只阅读喜欢内容的人，得到报纸后会用最快的时间将大概内容了解清楚，选择自己感兴趣的内容，有时为了满足好奇心抢夺熟人的报纸；当发现没有自己喜欢的内容之后会把报纸搁置在一旁，偶尔抓过来作为他用。他们大多活泼外向，幽默自信，喜欢热闹，广交朋友，对很多东西都感到好奇；有领导才能,但做事往往不能精益求精，有时敷衍了事，好捅娄子。

（2）为了消磨时间而读报的人，阅读报纸只是为了打发时间，寻找乐趣，所以得到报纸后随手一扔，等感觉到烦闷和无聊时才拿出来看。他们内向，孤独，情绪不稳，办事拖泥带水，没有魄力，人际关系差，自视清高，但有很强的想象力，善于察言观色，忠厚老实，不钻牛角尖。

（3）迅速浏览报纸内容的人，只要一拿到报纸，就会忘记置身何处，必先将报纸各版的内容了解清楚，哪怕时间紧迫，也置之不理。他们外向，富有活力，信心百倍，不善隐瞒，喜欢热闹、不迟钝呆板，办事周到积极，不排斥新事物，随遇而安，有时喜欢张扬，听不进他人劝诫。

（4）抽时间细心读报的人，买来报纸后，并不急于阅读，而是放在一旁，用最快的速度将手头上的工作做好，等到没有其他的人或事分心的时候，再静心阅读，并将重要的内容裁剪下来保存好。他们较为内向，不善言辞，自找乐趣，讲究实际，自控能力强，认真负责，能够独当一面，对交际应酬不感兴趣，对他人也显得热情不足。

（5）喜欢阅读财经杂志的人，不喜欢安于现状，不甘寂寞，而且有知难而进的勇气，争强好胜，不愿屈从，最喜欢超越别人；崇尚权威，渴望荣誉，努力寻找发达的时机，为自己的人生谱写出光辉灿烂的一笔。

（6）喜欢读时装杂志的人，追求时尚，出手大方，以掌握最新服装信息和流行趋势为乐事，用以显示自己在此领域内的水平和能力；时间和精力都花费在了外表上，忽略了内在修养，所以不能成就什么大事业。

（7）喜欢读言情小说的人，非常注重感情，能够随着故事情节的发展而同小说人物一起悲欢。他们对事物有很强的洞察能力，自信和豁达；吃一堑、长一智，很快会恢复元气，有成就事业的可能。这种人以女性居多。

（8）喜欢看武侠小说的人，富于幻想，追求浪漫，心底深处有某种压抑很深的英雄情结，总是希望自己能出人头地；感情丰富，有时过于细腻，反而不受女性喜爱；个别人性格偏执，倔强，但不影响其引人注意的特性。此种性格的人男性较多。

（9）喜欢读历史书籍的人，创造力丰富，讲究实际，不喜欢胡扯闲谈，把时间都用在有建设性的工作上面，讨厌无意义的社交活动。古为今用，他们能够从历史事件当中汲取对自己人生有意义的东西；具有很强的分辨能力，深受周围人的赞赏。

（10）喜欢看通俗读物的人，他们热情善良，直爽可爱，善于使用巧妙而又幽默的话语活跃气氛。他们有着非常强的收集和创造能力，趣味性的话题总是张口就来，他们经常是大众眼中的小丑和宠儿。

（11）喜欢看漫画书的人，一般都喜欢游戏，童心未泯，性格开朗，容易接近；无拘无束，喜欢自由自在，不想把生活看得太复杂；对别人不加防备，往往在吃亏上当后才发觉自己是那么的幼稚，能够吃一堑、长一智。

（12）喜欢读侦探小说的人，喜欢挑战思想上的困难，富于幻想和创造，想象力也很丰富；善于解决难题，面对困难能够从不同的角度进行分析，尝试解决，知难而进，喜欢挑战别人不敢碰的难题。

（13）喜欢看恐怖小说的人，简单的生活让他们感觉太乏味，渴望用刺激和冒险激活自己的脑细胞。他们有懒惰的性格，不喜欢思考，所以很难从周围获取乐趣和欢愉，同时对身边的人不感兴趣，所以不太合群，独处一隅的时间较多。

（14）喜欢读科幻小说的人，富有幻想力和创造力，常常被科学技术所迷惑和吸引，喜欢为将来拟定计划，但不讲究实际，缺乏持之以恒的精神；总是为他人喝彩，很少打造自己的辉煌，经常在幻想当中过日子。

4.从收藏可发现朋友生活追求

如今，收藏已成了许多人的嗜好。有人喜欢收集收藏品，为的是等待若干时日后升值；有的人收集收藏品是为了提高个人修养，陶冶情操；有的人收集收藏品为的是向别人炫耀，以显示其高雅脱俗、不同凡响；也有的人收集收藏品是为了怀念过去。

收藏品五花八门，收藏者的性格也就各具特色。从一个人所收集的收藏品可以了解到这个人的性格。

（1）收集象征荣誉物品的人，通常是对自己的现状不满，总认为自己曾经的辉煌不应该那么快地湮灭，自己应该继续享受荣誉和鲜花；这种人不懂得"长江后浪推前浪"的道理，所以只能依靠回忆过去的光荣历史来抚慰自己的心灵。

（2）收集书籍、杂志和报纸的人，有学识和上进心，喜欢在家里享受看书的乐趣，一人独处，自得其乐。藏书虽多，资料丰富，但大多数都已经过时，没有了使用价值，但他们依然想凭借这些来显示自己的博学，所以在实际生活中总是比别人落后半拍。

（3）收集照片、明信片的人，喜欢回忆过去欢乐的情景，照片为他们和记忆中的人或景拉近了距离，使昔日感情更加浓郁。向别人展示照片，也是向对方介绍自己的一种方式，而他们只需指点几下就够了。把自己的人生当成一场戏，自编自演兼摄像，努力打造完美，欣赏结果，更接受一切。尽管对这本相册依依不舍，但未来的路和美好的愿望会给他们备好一本更精美的相册。

（4）收集艺术品、古董的人，因为艺术品和古董往往代表高雅、博学，更是财富的象征，表明收集者比较注重自己的社会地位和身份；由于收藏品的档次和价值是收藏者之间品位和目光的较量，所以他们的好胜心都很强。

（5）收集旅游纪念品的人，由于受收藏品的特性所决定，他们不断地追求新鲜、奇特和怪异，并具有探幽索隐的勇气；为了追求令自己满意的藏品，他们乐于冒险，敢于出入高山野岭、荒漠戈壁，结果天南地北都留下了他们的旅行足迹。

（6）收藏玩具的人，善于满足，知道分寸，家是他们最快乐的场所，宁静安逸的生活是他们莫大的享受；他们留恋过去，对曾经拥有过的一切感到自豪，并极力保存在记忆当中，总是用一颗幼稚的心激起兴奋和幸福；他们追求的就是年轻，总是想方设法保持快乐，例如和孩子一起玩，给他们买玩具。

（7）收集旧票据的人，有很强的组织和领导能力，细心，办事条理清楚，按部就班，但是他们的精力大部分浪费在无用的细节与没有意义的过程当中，有时候觉得是未雨绸缪，实则是杞人忧天，因为他们担心的危险出现的概率实在是太低了；他们偶尔也有寻找刺激的念头，但考虑到众多的细节总是无法行动起来，所以他们的生活几乎是一成不变的。

（8）喜爱收集（旧）衣服饰物的人，大都爱打扮，喜欢挥霍，想通过外表使自己成为众人瞩目的焦点。喜欢收集旧款式衣物的人坚信自己的收藏品会再度流行起来，这是他们不可动摇的理由。保留了旧衣物，与之如影随形的观念和思想也就无法根除了，而倔强的他们时刻相信它们会再度流行，到时不但省钱省力，更走到了大众的前头，会被称为高瞻远瞩。

5.养宠物容易见朋友乐趣

养宠物是一种休闲方式，喜好不同，宠物自然相差悬殊，但是从心理学角度来看，不难发现其中一个共性，那就是通过人们喜爱的宠物通常可以看出他们的真实性格。

（1）喜欢养鸟的人，性格细腻，心胸狭隘，同时会精心地装点属于自己的空间。不喜欢烦琐的人际关系，交际能力差，性格孤僻。养鸟使他们自娱自乐，帮助他们打发多余的时间和寂寞，鸟成为生活中不可或缺的伙伴。

（2）喜欢养鱼的人，有生活情趣，是个充满自信的乐天派，对事业和生活没有过高的奢求，只想平平安安度过每一天。有人说他们胸无大志，但他们一生快乐却也令人羡慕。

（3）喜欢养猫的人，崇尚独立自主，讨厌随便附和，直来直去，从来不委曲求全，不言不由衷。他们内向，喜欢宁静和恬淡，抑制感情流露，很少有人能进入他们的内心世界；严于律己，不喜欢随随便便，让人感觉不到热情和活力，有时难免矫揉造作，所以人缘通常很糟糕。

（4）喜欢养狗的人，随和温顺，显得很亲切，但他们好随波逐流，总是顺着他人的想法去做事。他们外向，不喜欢寂寞孤独，整天嘻嘻哈哈，与左邻右舍关系融洽；交际能力出众，爽快开朗，人情味浓，胸无城府，坦荡直接，真实想法会立即从脸上或行为举止当中显现出来。另外，喜欢狮子狗的人性情活泼好动，像个大孩子；喜欢牧羊犬的人虚荣心较重，有喜欢炫耀自己与众不同的倾向；喜欢贵族狗的人肯定家境殷实，且事业一帆风顺；喜欢收留流浪狗的人，富有同情心，而且小时候有过被歧视虐待的经历。

6.旅游体现朋友的生活方式

旅游是一种集吃、喝、玩、乐、行于一体的综合性消遣活动，可以锻炼体质，增长见识，拓展交际，更可以为自己的人生增添更多的色彩。心理学家研究发现，人们喜爱的旅游方式，与他们潜在的性格有着千丝万缕的联系，如果你想要了解自己或身边人的真实性格，下面的内容将对你有所帮助。

（1）喜欢访亲探友的人，讲究诚实守信，注重情感友谊，这为他们赢得了非常广泛的友谊和帮助；在探访朋友或亲戚的时候，他们会获得极大的快乐与满足，因为他人的热情款待证实了他们的努力没有付诸东流，他们是成功的。

（2）喜欢大海和海滩的人，保守、传统，心事较重，不愿暴露内心的真实情感，独处一室享受自己的空间是他们莫大的心愿。不热衷人际交往，无论是对朋友还是事业伙伴；由于有责任心而成为好父母，子女会得到他们莫大的关爱和无微不至的照顾。

（3）喜欢露营的人，性格当中保守的东西还很多，推崇传统伦理观念，严格按照崇高的道德标准行事，一举一动都会吸引大众的目光，具有很高的道德素质；他们拥护独立，不喜欢受到长辈的庇护和约束；想象力丰富，能够化平凡为神奇，有着讲究实际的人生观；对待他人不卑不亢，有明确的交往之道。

（4）喜欢自然景致的人，追求无拘无束，向往轻松自在，受约束的生活和一成不变的工作常常令他们苦不堪言，他们渴望眼前的工作环境马上换为宜人的风景；有活力，有激情，干什么都得心应手，有着丰富的想象力，追求生活中的新思想或新事物是他们毕生的愿望，并且能够对自己的人生负起责任。

（5）喜欢户外活动的人，不喜欢户内活动，但广阔的外部空间并不能激发他们的创造力和新奇的想象力；他们的追求和努力都是他人预先设计好的，只得到大汗淋漓的痛快；他们精力充沛，敢于迎接各种挑战，能够对自己的言谈举止认真对待，通常能得到很好的回报。

（6）喜欢出境游的人，比较时尚，而且站在了时代潮流的最前沿；喜欢求变，对新鲜事物怀有深情，对人生充满信心；乐观向上，生活中的压力经常在谈笑风生之中化为乌有，总是过得潇潇洒洒，几乎可以随心所欲。

7.益智游戏反映朋友聪明或愚钝

"益智游戏"就是以新方法运用旧知识来解决问题。经常接触与之相关的游戏，会使一个人逐渐地变得更聪明和智慧。不同的人会喜欢不同类型的益智游戏，喜欢是因为他对这一方面感兴趣，这就是人性格的一种体现。通过喜欢的益智游戏往往也能对一个人进行分析、观察和了解。

（1）喜欢魔术方块的人，多自主意识比较强，他们不希望别人把一切都准备好，而自己不需要花费什么力气或心思，他们也不喜欢把别人的思想和意见据为己有，而是热衷于自己去钻研和探索，哪怕这需要漫长的过程和付出昂贵的代价，他们也不改初衷。他们具有很好的耐性，对某一件事情，他人在感觉不耐烦的时候，他们也还能坚持如一。他们心思灵巧，触觉相当灵敏，喜欢自己动手制作一些小玩意。

（2）喜欢拼图游戏的人，他们的生活常常像拼图一样，好不容易把一副完整的图形拼好，紧接着又会变成一块块的碎片，他们的生活常常会被一些意料不到的事情所干扰和左右，有时甚至会使长时间的努力和付出全部付诸东流。不过庆幸的是，这一类型的人具有一定的忍耐力和信心，在不如意面前，不会被击垮，而是能够保持再奋斗的精神，一切重新开始。

（3）喜欢填字游戏的人，他们多是做事非常看重效率的人，他们希望在最短的时间内花费最少的精力最大限度地完成某件事情，可这在某些时候是不现实的。他们很有礼貌和修养，在与人相处时彬彬有礼，显示出十足的绅士风度。他们多有坚强的意志和责任心，敢于面对生活中许多始料不及的困难和灾难。

（4）喜欢玩几何图形游戏的人，多是比较聪明和智慧的，他们对某一事物常常会有自己独到的见解，而不是人云亦云。他们有很强的自信，生活态度积极和乐观，在思想上比较成熟，为人深沉而内敛，常常是一副成竹在胸的模样。在做某一件事情之前，他们多是要经过深思熟虑，前前后后把该想的都想到，在心里有了大致的把握以后，才会行动。这样即使出现什么变故，也能很快地找到应对的策略。

（5）喜欢智力测验的人，他们对生活的态度虽然是非常积极和乐观的，但有时候并不了解生活的实质是什么。他们的生活不规律，而且对于各种事物的轻重缓急并没有一个清楚的认识，常常会将时间、精力甚至财力浪费在没有任何意义的事情上面，结果反倒将正经事情耽误了，可是他们并不为此而懊恼或后悔，相反却还找各种理由安慰自己。

（6）喜欢神秘类益智游戏的人，性格中最显著的特征就是疑心比较重。在他们看来，这个世界上好像没有一样东西是可信的，他们对任何事物都表示怀疑，而这怀疑常常又是没有任何依据的。他们对某些细节及一些细微的差别总是表现得极其敏感，而这往往又会成为他们为自己的怀疑所找到的依据。他们会不断地对他人进行指责，但紧接着又会为没有充分的证据进行说明而感到苦恼。

（7）喜欢在一张照片中寻找错误的游戏的人，他们活得多不轻松，常常会被一些没有任何理由的烦恼困扰着，现状是一片大好，可他们却往往要朝着不好的方面想。他们的胸怀多不够宽阔，很少注意到他人的优点，却总是盯着缺点不放。

（8）将某一单词的字母随意颠倒顺序，组成新的单词，喜欢这一类型文字游戏的人，其思维反应多是相当灵敏的，随机应变能力很强，对不同的环境或事情能在最短时间内与人协调一致。而且他们在对人的观察这一方面也有一些独到之处，能够很快又非常准确地洞察一个人的内心世界。在懂得了他人的需求之后，自己马上给予满足。

9.喜欢吃的菜显示朋友性格

由于食物是人类赖以生存的重要条件，具有地域性和国际性的特征。与人们生活密切联系的菜肴在与人类长久的接触过程中将人的性格浓缩其中。

（1）喜欢吃中国菜的人：

中国菜驰名世界的原因不仅是色香味俱全，而且最令外国人新奇的是一双软硬兼夹、伸缩自如的筷子，所以喜欢吃中国菜的人一般头脑灵活，有很强的鉴赏能力，因为五花八门的菜肴他们必须经过选择才能下箸。此外，中国菜适合亲朋好友围着一起吃，不熟的人在一起吃就没多大意思。

（2）喜欢吃法国菜的人：

法国菜被人们称为法国大餐，因为从厨房的环境到配菜、上菜，都有很多的讲究，需要费尽心思。幽暗而又沉静的气氛，无不讲究精致和典雅，让人体味到与众不同的浪漫情调。那些追求简约风格的人不会对这种菜产生多大的兴趣，但热衷于细致和讲究的人会对它情有独钟。

（3）喜欢吃意大利菜的人：

番茄汁是意大利菜最显著的特征。有这种喜好的人通常喜欢和亲朋好友在一起，而且会觉得乐趣无穷。他们按自己的喜好去安排生活，家中那些亲手自制的东西令他们回味无穷，产生强烈的亲切感。他们热情四射，而且魅力无限，浑身洋溢着美妙的温馨。

（4）喜欢吃日本菜的人：

日本菜非常讲究精神文化，有着非常耐人寻味的美学韵味。喜欢日本菜的人喜欢新鲜的食品，而且最好出自纯天然。他们不仅在食物上如此挑剔，而且将这个标准运用到人际交往过程当中，他们不会和那些留着怪异发型的人交往，更不会和化妆奇特的人走在一起。面对意外，他们会像吃日本菜似的脱鞋坐在地板上冥思苦想。

（5）喜欢吃英国菜的人：

英国菜的做法以煮为主，而且不加香料和其他的调味剂，特别适合患有消化系统疾病的人食用。喜欢这种食品的人不喜欢感官刺激，而且江山易改，本性难移。他们虔诚，有着一份惊人的耐力和勇气，常常是不达目的誓不罢休，任何艰苦都吓不倒他们。

（6）喜欢吃美国菜的人：

美国菜的特点是基本维持菜肴原料的原始形状，既不使用刀工，也不附加其他的调味酱汁，所以喜欢吃美国菜的人通常多疑，对陌生的人和事物常常无法放心和信任，所以一般不熟悉的菜肴不会去点。他们直爽，很有原则，认为自己是正确的时候通常会坚持到底，说话办事总喜欢表达出自己的喜好，所以有时难免得罪人。

朋友中的小人要识别

人往往最容易在自己最好最亲密的朋友身上吃亏。

正如安全的地方，人的思想总是松弛一样，在与好友交往时，你可能只注意到了你们亲密的关系在不断成长,每天在一起无话不谈。对外人你可以骄傲地说:"我们之间没有秘密可言。"但这一切往往会对你造成伤害。

波尔美上大学后便违背了父母的意愿,放弃了医学专业,专心于创作。值得庆幸的是,一个偶然的机会她遇到了知名的专栏作家郝嘉,她们成了知心朋友,无话不谈。在郝嘉的悉心指导下,波尔美不久便寄给了父母一张刊登有自己文章的报纸。一个人在挫折时受到的帮助是很难忘的,更何况是朋友,波尔美与郝嘉几乎合二为一了,她们一同参加鸡尾酒会,一同去图书馆查阅资料。波尔美把郝嘉介绍给她所有认识的人。但这时郝嘉面临着不为人知的困难,她已经拿不出与名声相当的作品了,创作源泉几乎枯竭了。

当波尔美把她最新的创作计划毫无保留地讲给郝嘉听时,郝嘉心里闪过了一丝光亮。她端着酒杯仔细听完,不住地点头,罪恶想法就产生了。

不久,波尔美在报纸上看到了她构思的创作,文笔清新优美,署名是"郝嘉"。波尔美谈到她当时的心情时说:我痛苦极了,其实,如果她当时给我打一个电话,解释一下,我是能够原谅她的,但我面对报纸整整等了三天,也没有任何音信。

半年之后,我在图书馆遇到了郝嘉,我们互相问了对方的生活,以免造成尴尬,然后,很有礼貌地握手告别。

自那件事以后,我们两个人全都停止了创作。

好友亲密要有度,切不可自恃关系密切而无所顾忌,正如中国一句古话"逢人只说三分话,未可全抛一片心",亲密过度,就可能发生质变,好比站得越高跌得越重。过密的关系一旦破裂,裂缝就会越来越大,好友势必变成冤家仇敌。

也许有一天,你兴冲冲地闯进了朋友的家里,一面甩着自己头发上的雨珠一面高声喊叫,而你的朋友却慌慌张张地藏着什么东西。此时，请你不要追问，因为这是他的秘密，你更不要因此而认为他有意疏远你，不相信你。

心中藏着属于自己秘密的人会认为，这是他们的权利，朋友没有必要占有它。

朋友要保守秘密并不是对你的不信任，而是对自己负责。你同样也需要保守自己的秘密，这一切并不证明你和好友之间的疏远；相反，明智的人会认为如此双方的友谊才更加可靠。斤斤计较，你一定会失去好友。同样，在你朋友觉得难为情或不愿公开某些私人秘密时，你也不应强行追问，更不能私自以你们的关系好而去偷听偷看或悄悄地打听朋友的秘密，因为保守秘密是他的权利。一般情况下，凡属朋友的一些敏感性、刺激性大的事情，其公开权应留给朋友自己。擅自偷听或公开朋友的秘密，是交友之大忌。

下篇　微反应心理学实践篇

第十章　如何辨别人才，本章告诉你

即使你已经是管理者了，也需要下属配合，这样才能将工作的收益最大化。也正因为这样，看透下属的心理就显得尤为重要。

管理者看人的"三大原则"

用人的首要前提是一定要会"识人"。如果一个管理者不会识人，对自己手下的员工们各自的性格、特点、长处和缺点没有清楚的认识，那么他又何谈正确地用人呢？可是，要迅速、全面而正确地观察出一个人的比较重要的各种素质，并非易事，这需要管理者们对于识人术有着比较高的造诣。

中国自古以来就有识人术的存在，识人基本上是出于一种对人心理上的判断，与现代的心理学研究的问题有相通之处，但这与多少有迷信色彩的相人不同，它主要是以相人为基础，进一步分析眼神、表情和举止动作等等一些细微的方面，从而得到对一个人综合性的判断。对于这些，说起来似乎神乎其神，不易做好，但只要管理者具有足够的耐心和细心，也是可以具有一双慧眼的。

汉高祖刘邦年轻时做客吕公家，吕公见刘邦相貌奇特，当时就决定将唯一的千金许配给他，这位千金也就是后来闻名一时的吕后了。

三国时的桥玄，初见曹操便直断其有安百姓的才能。桥玄观察曹操的一言一行，心中便已明白此年轻人不简单，因而也就给了他很高的评价："卿治世之能臣，乱世之奸雄也。"也就是说曹操在太平无事的时候可以当一个能干的大臣，而在生逢乱世的时候就能成为世间的奸雄。据说曹操"闻言大喜"，认为桥玄是了解自己的人。而后来事情的发展也充分地证实了桥玄的预言。

当然，每个管理者要能有以上例子中的高超识人术是很不容易的，但是知道一些基本的方法和观点是很有必要也是比较容易实现的。三国时，魏国的刘劭写了一本《人物志》，这里边将人分成了很多类型，并分别加以不同的分析，探究不同的实质，其中有一篇《八观》提供了识人的八种方法和观点，用以观察各种人的材性，颇有参考价值。

这八种识人术如下：

（1）有的人表面一副忠厚老实的样子，其实是一种伪装，这种人虽然很善于伪装自己，但却往往包不住内心的虚伪。只要管理者有足够的细心并善于分析他所说的话、所做的事究竟有何目的，那么是不难识破的，遇到这种假意奉承、勉强附和的人，千万不要被他的美言所迷惑。而且这类人往往怀有不可告人的目的，对公司的发展也是极为不利的。

（2）有的人在事不关己的时候，往往会表现出极大的热情，会说一大堆不痛不痒的漂亮话，而一到与本身有利害冲突的时候，马上又会换上另一副完全不同的面孔。这种人完全是以自身的利益为做事的唯一出发点，所以常常就会由于利益取向的不同而反复无常，对于这种人，千万不要指望他能够实际地为公司做出什么好事。

（3）有些所谓的名人，亦即他的特质已经相当显著，也为大家所一致认定。但是对于这样的人，不论他是以何种特质而出名，都应该切实地查看其名与实之间的距离到底是大是小,并要根据他所获得的名气,来重点观察他实际的所作所为到底有多少,这里有一点可以借鉴的是:凡是一点一滴累积起来的名气,则比较可靠,而对于一下子冒出来的,则需要进行进一步辨明,这样的做法可以避免一些被媒体炒作出来的所谓名人,特别是对于那些"盛名之下,其实难副"的所谓"名人"尤其要加以抵制。

(4)有一些轻于承诺的人,表面上看起来是极其热心的,对什么事都答应得很快,也似乎很坚定,但是实际上却很没有信用。这种人往往当面一套,背后一套,事后又会找出各种理由替自己辩解。所以不要轻易相信这种人。相反,有些人的表现则是看起来笨笨的,而实际上对一切都十分明白,这些人往往大智若愚,从不轻易许诺,但是一旦许下,多半都会做到。所以对这类人不能因为一次两次的接触对其丧失信心,要静观其所作所为,从一言一行中把握住他那种似非而是的作风,这样,就能获得期望的成功。而对于这两类人的区别,主要是要看他做一件事的动机,切不可被表面现象所蒙蔽。

人总是在社会中生存,也必须与各种人发生联系和交往,而这过程本身也是很能体现一个人的品性的,所以识人的要点,还应从人际关系去考量一个人。

(5)有些人好胜心特别强,总喜欢在别人面前夸耀自己的优点。明里暗里地说别人的短处。这种人一般都有极强的妒忌心,一旦别人在某些方面超过自己,自己尝到败绩的时候,便会产生莫名的怨恨,对别人的态度也由此而冷淡。对于这样的人,由于他本身总想超过别人,所以可以故意让他尝尝失败的滋味,由此便不难了解他的个性,看他会不会护短而好胜,一目了然。

(6)人总会有这样或那样的缺点,作为一个管理者,如果只是注重这些缺点的话,那么就永远也发现不了人才。这里有一点值得提出,具有缺点的人,未必就一定有长处,但是反过来,有长处的人就一定有缺点。这也就是说，缺点是绝对存在的，而长处则是相对的。所以，作为管理者也应该具备一定的宽容，不要看着一个人的长处而总是指责他的不足，应该换个角度，看管理者，从而更加了解他的长处，这才是正确的做法。

（7）如果我们注意周围的人，那么总可以发现其中有一类人整天总是绷着脸，喜欢装腔作势，并自认为廉洁高尚，便看不起旁人，这种人是主动地与别人筑起了一道樊篱，总叫人不敢与之亲近，这种人看似有管理者的姿态，而实质上却是最缺乏管理才能的，更加不适合搞公共之类的工作，所以也就千万不要对其委以重任，否则只能是自吞苦果。作为一个负责任的管理者，首先应该具有爱心，要看得起别人，更要试图去理解和关心别人，这样才能获得别人的认可，这样才可能打破人与人之间的那道樊篱，使事业的成功在互相信赖的基础上开出最美的花朵，这样的管理者才是善于与人相通相知而不是关起门来搞自我闭塞的人。

（8）有一种说出来也不奇怪的现象，那就是勤于学习的人不一定就具有才能，很多高分低能的例子都可以说明这一点，而真正有才能的人，却往往不一定明白很多义理。

管理者在识人的时候也应注意把二者分别开来看，而不是结合在一起苛刻地挑剔。况且就算二者兼备也不一定就真正具有智慧，而即使有智慧足以处理各种事务，也未必就一定能合乎社会的正道，明白这一点，就需要管理者知道，任何人的修养功夫都是层层上升的，具有阶梯性。孔子说："吾十有五而志于学，三十而立，四十而不惑，五十知天命，六十而耳顺，七十而从心所欲，不愈矩。"意思是说孔子自己十五岁立志求学，三十岁能用学得的道理来立身，四十岁能不为异端邪说所惑乱内心，五十岁知天命，六十岁知言，七十岁才能达到随心所欲而不犯法度。这是孔子自己说的修养过程，可见连圣人都如此，更何况一般的普通人呢？所以，老板看人的时候还要做到不苛刻，要正确认识到他人所处的层次。从这个特定的层次上去识人，而不要以某一绝对的标准来度量一切人。只有这样做，管理者才有可能觅得可用之才，否则便会觉得无人可用。

识人，不是一般的看人，要做好识人这一步，是需要坚持一些原则和要领的。管理者识人，至少要掌握三大原则：

1.从外部表现看内部实质

识人当然是从人的外部表现开始，但是却不能停留在外部表现，而要从一个人外在的表现来看出他内在的品性，这样做方才是正确的识人之道，然而这实在不是一件简单的事情。

人的外在表现一般包括人的精神面貌、体格筋骨、气质色相、仪态容貌和言行举止等。《人物志》共列出了九征，分别为神、精、筋、骨、气、色、仪、容、言，根据这九种外在的表征，可以看出一个人所具有的性情，从而了解他的平陂、明暗、勇怯、强弱、躁静、惨怿、衰正、态度、缓急等等。

性情的重点在于情而不在于性，原因是情是由性生出来的，同时情也要受环境的感染，人人几乎各有不同。所有这些都决定了人情的变化相当繁杂，如果用分类法来加以区分和归纳，实际上都显得牵强而不够精细。但是，以简御繁，把人情归纳成几种简单的类型，仍然是十分必要的。例如《人物志》所采用的十二分法，便是把形形色色的人，根据性情归纳成十二种不同的类型，通过进一步分析其利弊，便可以为知人善任提供有力的参考，以便于管理者对人才的明辨慎用。当然，这个过程需要不断地进行，只要管理者有心这样去做，并在实践中不断积累察颜观色的经验，是可以做到由外见内的。

2.由显著表现看细微个性

我们做事情的原则，在于以小见大，见微知著。但是识人的要领，则正好相反，而在于由显见微。

有些人常常东张西望，心浮气躁，有些人则安如泰山，气定神闲。前者的表现，往往是拿不定主意，犹豫不决的人。而后者则很可能是临危不乱的高人。一个人的气质到底如何，一般都很容易从他的容貌和姿态上看出来，无论是眼神、印堂还是眉宇之间，都相当显著。

但是，作为一个管理者，要从这些人所具有的明显特征中看出其细微的性格特征来，则并非是一件容易的事。这尤其需要的是管理者丰富的经验、广博的学识和敏锐的观察能力。对于任何一个人，即便先天的相貌和姿态都十分好，但是如果后天不知道去积极努力进取，发奋图强，好好磨炼自己的品质意志和才能，那么也不可能有多么重大的成就。从这一点我们也知道，要做的是还要深入地进行了解，从他的一举一动、一言一行的细微动作方面来研究和考证他的修为和言行。只有这样才不至于看错人。

3.认识共同点，辨析不同处

人看来看去，似乎只有那么几种类型。然而只要再细加分析的话，那么也不难发现，其实同一类型的人，往往又具有各自不同的性情。从这些不同的差异中看出其共同的本质，对管理者来说固然可以从整体上把握一类人的普遍共同点，能够从一个新的高度对人的类型有清醒的认识。但是从同中要发现各自的差异，也是必要的，因为这种差异也往往不能忽视，甚至会造成不同的后果。例如历史上的王莽和诸葛亮，有很多相同的地方，但是结果王莽篡位，而诸葛亮则为蜀国鞠躬尽瘁，死而后已。所以，如果管理者做不到识同辨异，总是把王莽和诸葛亮混为一谈的话，那么最终倒霉的只能是自己。

同样都是干事积极，劲头十足，有些人只是在瞎胡闹，看上去忙忙碌碌，其实什么成果也没有。而有些人则卓有成效，一件一件的事情都安排得井然有序，成绩斐然。也同样都是能言善道，有些人只是在空口说白话，虽然口若悬河，滔滔不绝，但是只要真把什么事情交给他，则不会有什么好结果。而另一些人则说话算数，说到做到，办起事情来相当可靠。

所以管理者要能分清这些人，才能有效地使用人才，创造成功。但是还有一类人是最可怕的，这类人往往缺乏定性，一会儿如此，一会儿又不是如此，令管理者捉摸不透，对于这种人，管理者也最好不要信任他，否则也只能是自吞苦果。

总而言之，管理者如果想要探知各种人的内在本质，以做好识人这一步，那么就应该掌握以上三大原则，并依此对人的性情做深入细致的观察，要做到对人的定位首先是整体上的把握。有了这样的把握，管理者就应该对他已经有了一个大致的了解，然后再根据如上所述的八种识人的方式，具体分析他的优点和不足之处，对他有一个十分具体而实在的把握。

只有通过这样有总有分，总分结合的方式，管理者才能既不失一般性，又不失特殊性地掌握各种人的本质，做到心中有数。当然，作为一个管理者，千万不要期待任何形式的完美无缺，这无论在理论上还是现实中都是行不通的。管理者用人，贵在知人长短，取其所长，避其所短，这样才能让每个人都能够充分发挥他的才能，为公司做出最大的贡献。

学会"相人"

历史上，伯乐善于相马，然而"千里马常有，而伯乐不常有"。世间有才华、有能力的人很多，只是善于相人而又懂得用人的人，恐怕并不多。所以，作为管理者，除了善于相人之外，更要善于用人，这才是最重要的。相人之术有四点：

第一，以利诱之、审其邪正；

第二，以事处之、观其厚薄；

第三，以谋问之、见其才智；

第四，以势临之、看其能力。

"相由心生，貌随心转"，一般的江湖术士算命，是从一个人的相貌来断定一个人的命运与未来。其实，人的命运不在相貌上，而在他的心地与行为上，所以真正会相人的人，要看这个人的心术正邪、待人厚薄、才情胆识如何。关于"相人之术"的四点，详细分析如下：

第一，以利诱之、审其邪正："君子临财不苟得，小人见利而忘义"。要知道一个人是正人君子或是邪佞小人，可以用重利来诱惑他，看他的态度、反应如何。如果是有道之人，对于无端而来的利益，他会一文不取，表现正直的本性；如果是无德之人，有一点小小的利益，他就如蝇逐臭，不顾一切，趋之若鹜。所以，是君子、是小人，利益之前，无所遁形。

第二，以事处之、观其厚薄：厚道的人，处事宁可自己吃亏，也绝不以自己之长来彰显他人之短；薄德的人，遇事但求有利于己，不管他人的名誉是否受损。所以如果要知道一个人的道德薄厚，只要跟他相处共事，从他的行为就能看出其人格高下。

第三，以谋问之、见其才智：有智能的人，胸藏兵甲，腹有韬略，做事懂得安排计划，尤其善于出谋划策，如果你问计于他，他会有很多中肯的意见。如果是一个才智平庸、没有智能的人，胸无点墨，既说不出一点道理，也没有半点能耐。所以要想得知一个人的才智如何，看他谋事的能力，即可分晓。

第四，以势临之、看其能力：一个人如果能力不高，容易滋生事端；有能力的人，才能承担大任。要看一个人的胆识如何，可以用权力来逼迫他。管理者要知晓下属的能力，故意把事情搞得很复杂，然后让下属去判别。有时，管理者连自己都说糊涂了，也让下属去评论，这种情况管理者在不经意间更易识得人才。

这里有一个典型的事例。唐朝时李德裕少时天资聪明，见识出众。

他的父亲李吉甫常常向同行们夸奖儿子。当朝宰相武元衡听说后，就把他招来，问他在家时读些什么书，言外之意是要探一探他的心志。李德裕听了却闭口不答。武元衡把上述情况告诉给李吉甫，李吉甫回家就责备李德裕。李德裕说："武公身为皇帝辅佐，不问我治理国家和顺应阴阳变化的事，却问我读些什么书。管读书，是学校和礼部的职责。他的话问得不当，因此我不回答。"李吉甫将这些话转告给武元衡，武十分惭愧。有人评论说："从这件事便可知道李德裕是做三公和辅佐帝王的人才。"长大以后，李德裕真的做了唐武宗的宰相。

智慧之人会从扑朔迷离中判明真实情况，这种方向感有助于在实际的处事中保持清醒的头脑和敏锐的眼光，从而洞察事情的本质。这是管理者必备的才能，又是管理者选人应着重参照的一个重要因素。

有勇，诚是可嘉；有智，实是难得，但要有大智大勇之才，更是不易。管理者若能识出大智大勇之才并加以任用，必然会给自己的事业带来巨大的帮助。因为智勇双全之才，一方面有过人的谋略，在办事之前定经过一番周密的算计，对以后的行动有全面的指导；另一方面，还有敢于拼搏敢于进取创新的勇气，而这一方面往往又是许多人才所欠缺的。

南北朝时，北齐的奠基人高欢为测试他的几个儿子的志向与胆识，先是给他们每人一团乱麻，让他们各自整理好。别人都想法整理，唯独他的二儿子高洋抽出腰刀一刀斩断，并说："乱者当斩。"高欢很赞赏他的这种做法。接着，他又配给几个儿子士兵让他们四处出走，随后派一个部将带兵去假装攻击他们，其他几个儿子都吓得不知怎么办，只有高洋指挥所带的士兵与这个将军格斗。这个将军脱掉盔甲说明情况，但高洋还是把他捉住送给高欢。因此，高欢很是称赞高洋，对长史薛淑说："这个儿子的见识和谋略都超过了我。"后来高洋果然继承高欢的事业，成为北齐的第一位皇帝。高欢以是非识人，确实成功，而高洋也以自己的大智大勇成就了一番霸业。

笔迹中流露出的个性

汉字的发明是一个奇迹,而汉字的笔迹与书写者的个性之间更有着神奇的联系。这可从下述不同的角度去认识。

1.运笔走势

运笔有力,笔力浑厚,说明书写人性格刚强,气魄宏大,并有强烈地支配别人的意愿,但这种人往往过于自信或容易自满。运笔协调流利,轻重得当,说明书写人善于思索,爱动脑筋,有较强的理解分析能力,善于随机应变。如果运笔轻浮,说明书写人缺乏魄力和毅力,在生活中常常不能如愿以偿。

2.书写是否流利

如全篇文字连笔甚多,速度极快,说明书写人充满活力,待人热心,富有感情,并且动作迅速,容易感情冲动。如全篇文字工笔慢写,笔速缓慢,说明书写人性情温和,富于耐心,善于思考,办事讲究准确性和条理性,不善谈吐,但往往有巧于应对发言的才能。

3.字形架构

字体简洁明了,没有花样和怪体,说明书写人比较诚实,办事认真细致,心地善良,能关心他人。如果字体独特,伴有花体和怪体,并夹杂许多异体字和非规范字,则说明书写人有较丰富的想象力和幽默感,但爱吹毛求疵,自我表现欲强,这种人多半多愁善感,很在意外界对自己的看法。

4.外观轮廓

全篇字体大小适中,端正工整,说明书写人平易近人,温柔审慎,行动从容不迫，遇事较为持重。如字体很长，则说明书写人活泼好动，有较强的主动性和自信心。字形很大，甚至不受纸上格线的约束，书写人往往是办事热情、锐气洋溢，并可能在许多方面有所擅长的人，但这种人缺乏精益求精的态度。字形很小，则说明书写人精力集中，有良好的注意力和控制力，办事周密谨慎，看待事物往往比较透彻。

5.大小布局

全篇文字松散而不凌乱，书写人往往是热情大方、不拘小节的人，这种人喜欢直言不讳，善于交际并能与朋友友好相处，别人征询他的意见时能以诚相见，并能宽恕他人的过失。全篇字迹密集拥挤，书写人通常沉默孤僻、谨小慎微、不善交际。

6.字体倾斜的方向

字行习惯向上倾斜，说明书写人是个欢快乐观、力求上进，并总是精神焕发、希望成功的人，这种人往往雄心勃勃，有远大的抱负，并且能以较大的热情和充沛的精力付诸实现。字行习惯向下倾斜或忽上忽下，则说明书写人喜怒无常、情绪不稳定，遇到挫折容易悲观失望。每个单字都习惯向右倾斜，说明书写人比较热情开朗，乐于助人，待人接物均能以诚相待；单字习惯向左倾斜，说明书写人分析力、判断力强，理智能支配感情，不会感情用事。

通过笔迹识别个性，除以上几种识别方法外，还须对上述各个方面进行综合筛选，剔除假象，进行科学的抽象和概括，方可求得对书写人个性特征的完整认识。另外，随着一个人的成长，笔迹会有或大或小的变化，应仔细鉴别。

以笔迹识人的方法很多，还可以从以下三个方面来观察，即从笔压、字体大小、字形这三个要点来研究分析这个问题。

（1）字体较大，笔压无力，字形弯曲；不受格线限制，具有个性风格，容易变成草书；有向右上扬的倾向，有时也会向右下降，字体稍潦草。

性格：待人和善，好相处，善于社交活动，为体贴、亲切类型的人。气质方面具有强烈的躁郁质倾向。

这类人性格趋于外向，待人热情，兴趣广泛，思维开阔，做事有大刀阔斧之风，但多有不拘小节，缺乏耐心，不够精益求精等不足。

（2）字形方正，一笔一画型，笔压有力，笔画分明，字字独立，字的大小与间隔不整齐，具有自己的风格，但笔迹并不潦草。字的大小虽有不同，但一般言之，显得较小。

性格：不善交际，属理智型。处事认真，但稍欠热情。对于有关自己的事很敏感，害羞，对他人却不甚关心，感觉常较迟钝。气质方面具有分裂质倾向。

结构紧密，书写者有较强的逻辑思维能力，性格笃实，思虑周全，办事认真谨慎，责任心强，但不够灵活，不懂变通。结构松散，书写者形象思维能力较强，思维有广度；为人热情大方，心直口快，心胸宽阔，不斤斤计较，并能宽容他人的过失，但往往不拘小节。

（3）字形方正，一笔一画型，但与上述类型不同，为有规则的平凡型，无自己风格，字迹独立工整，字形一贯，笔压很有力。

性格：谨慎，做事有板有眼，中规中矩，但稍嫌缓慢。意志坚强，热衷事务。说话絮絮叨叨，不懂幽默。有时会因激动而采取过激行动。气质方面具有癫痫质倾向。

这类人精力比较充沛，为人有主见，个性刚强，做事果断，有毅力，有开拓能力，但主观性强，固执。

（4）字形方正，稍小，有独特风格。尤以萎缩或扁平字形为多。字迹大多各自独立，无草书，笔压强劲。字的角度不固定，但字体并不潦草。

性格：气量较小，对事务缺乏自信，不果断，非常介意别人的言语与态度。简言之，属于神经质性格的人。

这类人有把握事务全局的能力，能统筹安排，为人和善、谦虚，能注意倾听他人意见，体察他人长处。右边空白大，书写者凭直觉办事，不喜欢推理，性格比较固执，做事易走极端。

（5）书写时，字体大小与空间大小无关；字形稍圆弯曲，有时呈直线形；有时字形具有自己风格，有时则工整而有规则；大小、形状、角度、笔压均不固定，潦草为其显著特征。

性格：虚荣心强，重视外表，经常希望以自己的话题为中心，因此沉默寡言。不能谅解对方的立场，缺乏同情心与合作精神。由于以自我为中心，因此容易受煽动，亦容易受影响。

这类人看问题非常实际，有消极心理，遇到问题看阴暗面、消极面太多，容易悲观失望，字行忽高忽低，情绪不稳定，常常大喜大悲，心理调控能力较弱。

工作态度见人品

工作占据了人们相当多的时间。虽然工作的内容不尽相同，但如果对职场的态度与责任心进行分析和研究，就不难发现性格在其中起了非常重要的作用。

面对责任的人，这种人包括三种类型：第一种在心理学上称为"内疚反应型"，他们一旦发现工作出现问题，不管是否与自己有关，马上想到自己应该承担的责任，很容易进退维谷，导致神经系统功能紊乱。第二种是"推卸反应型"，他们遇到麻烦总会极力推卸责任，想方设法找出种种理由把责任转嫁给他人，常常令同事头痛不已。第三种叫"适中反应型"，此类型人居于前两者之间，遇到该承担责任的时候努力寻找事故原因，以客观事实为依据，属于自己的责任勇敢地承担下来，有时也会为了整体利益而承担一些不属于自己的责任。

不忙假装忙的人，掩饰工作能力低下，大都对自己的能力产生怀疑，力图通过在别人面前装出一副努力工作的样子使同事，特别是领导不会轻视自己。而事实上他们的工作业绩却非常差，为了掩饰自己，保护自己的弱点不会被同事或上司发现，他们除了装忙碌之外，别无选择。

厚己薄人的人，懒惰是他们最大的性格特征。他们认真工作，忙忙碌碌，但却都是表面现象，在困难面前逃得比谁都快；总是用异样的眼光看待其他的同事，觉得他们不务正业，欺骗上司，谁都没有他们那样热爱自己的本职工作。其实他们最希望得到的是加薪和升迁，但懒惰的他们不会比其他的人多干一点，假使多干一分钟，也要到处宣扬。

看上司脸色行事的人，这种表里不一、情绪不稳定的人只有在上司在场的时候才会聚精会神地工作，而上司一旦消失，他们的干劲便会回落到谷底。他们在生活中也是玩着当面一套、背后一套的把戏，用一张伪善的面孔面对周围的人和事。有一些内向的人，见到领导就会紧张，结果由于分心而使工作效率大大降低，其实这是他们的自卑感所致。

所以若想认识和了解一个人的性格，还可以从他对工作的态度上进行观察。

一般来说，外向型的人多勇于承担责任，在工作中，没有机会的时候会积极地寻找机会、创造机会，有机会的时候会牢牢地把握住机会，他们大多很容易获得成功。

内向型的人在面对一件工作的时候，首先想到的是自己该负担的责任、后果等问题，总是担心失败了会怎样，所以时常会表现出犹豫不决的神态。因为顾虑的东西实在太多，行动起来就会瞻前顾后，畏首畏尾，最后往往会以失败而告终。

工作失败了，不断地找一些客观的理由和借口为自己开脱，以设法推卸和逃避责任，这种人多半是自私而又爱慕虚荣的，他们常常以自我为中心。

工作上一出现问题，就责怪自己，把责任全部揽到自己身上，这样的人多胆小。

失败以后能够实事求是地坦然面对，并且能够仔细、认真地分析失败的原因，进行归纳和总结，争取在以后的工作中不犯类似的错误，这样的人多是真正成熟的人。他们为人处世比较沉着和稳定，具有一定的进取心，经过自己的努力，多半会取得成功。

工作比较顺利，就非常高兴；但稍有挫折，便灰心丧气，甚至是一蹶不振，这种人多是性格脆弱，意志不坚强的。

像伯乐一样发掘"明星人才"

在一个企业里，一些工作人员的巨大潜力被无谓地浪费掉或未能得到充分的发挥，这是常有的事。为了企业的利益，主其事者应善于识别企业里的"明星"，使之不被埋没。

怎样识别你企业里的"明星"呢？可以从以下几个方面进行考察：

1.他有没有雄心壮志

"明星人才"必然有取得成就的强烈愿望，他通过更好地完成工作，不断地去寻求发展的机会。

2.有无需要求助于他的人

如果你发现有许多人需要他的建议、意见和帮助，那他就是你要发现的"明星"了。因为这说明了他具有解决问题的能力，而他的思维方法为人们所尊重。

3.他能否带动别人完成任务

他是注意是谁能动员别人进行工作以达到目标，因为这可以显示出他具有管理的能力。

4.他是如何做出决定的

他是注意能迅速转变思想和说服别人的人。一个有才干的高级管理人员往往能在相关信息都已具备时立即做出决定。

5.他能解决问题吗

如果他是一个很勤奋的人，他从不会去向老板说："我们有问题。"只有在问题解决了之后，他才会找到老板汇报说："刚才有这样一种情况，我们这样处理，结果是这样。"

6.他比别人进步更快吗

一个"明星人才"通常能把上级交代的任务完成得更快更好，因为他勤于做"家庭作业"，他随时准备接受额外任务。他认为自己必须更深地去挖掘，而不能只满足于懂得皮毛。

7.他是否勇于负责

除上面提到的以外，勇于负责也是一个企业"明星人才"的关键性条件。

管理者用人的"十二条法则"

用人要想成功而有效，是要研究一些基本道理的。下面是用人的十二条准则：

第一，妒忌心强的人不能委以大任。

心理易不平衡的人，也就是妒忌心特别强的人。一般的人，难免都会妒忌别人，这也是正常的一种表现，因为有时候这种妒忌可以直接转化为前进的动力，所以也不能说妒忌就一定是一种消极的表现。但是如果妒忌心太强了，就会非常容易产生怨恨，从而觉得他人是自己前进的最大障碍。到了这种地步，这种人往往就会做出一些过激的事情来，甚至愤而谋叛也毫不为奇。

俗话说："宰相肚里能撑船。"而气量太小的人，绝对不是一个良好的管理者，更不能委以重任。三国时的周瑜不能不说是一位帅才，可就是因为妒忌心太强而栽了跟头。

第二，目光远大的人可以共谋大事

所谓有抱负的人也就是目光远大的人。必须承认，各种人具有不同的目光。有些人比较急功近利，只顾眼前利益，往往一叶障目而不见泰山。这种人目光短浅，虽然这样的人对目前的事业也许做得相当出色，但是却缺少一种对未来把握和规划的能力，做事往往只停留在现在的阶段。

管理者如果本身是目光远大的人，对自己的公司发展有一个很明确的定位而只需助手的话，那么这种人倒是很好的选择，因为这类人最适合于指使运用，以发挥他的长处。

相反，如果管理者想找一个能共谋大事的搭档，并且这个搭档能在某些重大问题上提出卓有成效的见解，那么管理者必须寻找一个有远见、能预测未来的人，这样的人是管理者的"宰相"和"谋士"，而不仅仅是助手，如果管理者能找到这样的人，那么对自身的事业发展是极具优势的。

第三，深思远虑的人能担重要的任务。

深思远虑的人往往能居安思危，思维比较缜密，考虑到各种情况和结果，而且很明白自己的所作所为，所以也就很有责任感。这种人往往很会自我反省，善于总结各种经验教训，他的工作一般是越做越好，原因是他总能看到每一次工作中的不足，以便日后改进，如此精益求精，成果自然也就很突出。虽然有时候这类人会表现得优柔寡断，但这有时候正是一种负责任的表现，所以作为一个管理者，大可放心地把一些重要的任务委任于他。

第四，千万不要亲近性格急躁的人。

有一种人是受不了一点点的挫折，常常会因为一些细小的失败而暴跳如雷并自怨自艾，这样的人似乎是个完美主义者，但其实骨子里是个只知道追逐眼前名利的人。他们做事往往毫无计划，贸然地采取行动，等到事情失败又怨天尤人。从不去想失败的原因，也就很少能够成功。如果管理者遇到的是这样的人，那么就该想尽一切办法远离他，以免最终受到他的牵累而又后悔不及。

第五，决不可以重用偏激的人。

过犹不及，太过偏激的人往往缺乏理智，而且容易冲动，非常容易把事情搞砸。这正如太偏食的人太过挑嘴，身体就不会健康一样，思想如果过于偏激，就不会成大事。他总是把事情做向某一个极端，等到受阻或失败，又把事情做向另一个极端，这样走来走去永远也到达不了事情的最佳状态。这也正如理想和现实的关系，理想往往是瑰丽的，不断地引发人们去追求，但是如果缺少现实的依据，理想也只能是空中楼阁。

相反，如果满脑子考虑的都是杂碎的现实，那么终会被淹没在现实的海洋里而不能自拔，最终陷入没有理想指导的惘然之中。所以凡是要成大事，都必然地把二者结合起来，这样才不至于劳而无功。

更糟糕的是，偏激的人也是最容易惹是生非的人，往往会由于一时性起而挑起一些事端，最终搞得无法收场。领导如果发现身边有这样的人，千万不要重用他，以避免一些不必要的麻烦。

第六，善于做大事的人就一定能受到别人的尊敬。

人的层次是不一样的，一个和谐的公司就像一支球队一样，必定有相互合作，也必定有明确的分工。也存在这样一些人，这些人对于手边的本职工作干得兢兢业业，不辞劳苦，应该说这些人对公司来说的确是一笔可贵的财富，但是管理者却不能因为这些而把重大的任务交给他们。

管理者必须明白这样一件事：有些人是只能做一些小事而不能期望他们做大事情的。因为这些人往往偏重于具有某一技术细节的才能，却缺乏一种统御全局的才能，所以决不能因为小事办得出色而把大事也交给他来做。善于做大事的人能够果断而成功地执行大事，作风犀利，游刃有余地安排各种关系的处理，起的是一个核心的作用，也就必然受到人们的尊敬。而且还有一个这样的事实：善于做大事的人不一定能做小事，而小事做得出色的人也不一定就能做大事。所以管理者一定要明辨这两类人，让他们各司其职，分工协作，这样才能取得最大的利益。

第七，一定要耐心期待大器晚成的人。

有些人很有一些小聪明，往往能想出一些小点子把一些事情点缀得更为完美，这类人看上去思维敏捷，反应灵敏，也的确十分能讨人喜欢。但是也有另一些人，表面上看过去并不聪明，甚至有点傻的样子，却往往能大器晚成。

对于这类大智若愚的人，领导一定要有足够的耐心和信心来期待他做出大的成就来，决不能由于一时的无为而冷落他甚至遗弃他。因为这类人往往能预测未来，注重追求长远的利益，而既然是长远的利益，也就并非是一朝一夕所能达到的，必然是一场持久战。信任他并委以重任，领导就能取得最后的辉煌，而不至于让此类宝贵的人才如流星般陨落。

第八，轻易就断定没有一点问题的人是极不牢靠的人。

我们相信，无论大事小事，一定存在着各种复杂的问题，没有问题，事情也就不成其为事情了。做事情的实质也就是解决这个或那个问题。

如果一个人轻易就断定没有任何问题，这至少表明他对这件事看得还不够深入，或许还根本不了解。这种对事情简单化处理的草率作风也是极不牢靠的一种表现。如果让他来做一些重大的事情，那得到的也只能是一些无用的结果或根本不用做也能知道的结果，所以这种人说得虽然常常是豪情万丈并很鼓舞人心，但却不可轻易相信他，否则上当的只能是自己。

第九，切记有些小功劳的人并非都是同一种人。

管理者也许会很重视一些为公司做出巨大成绩的人，而忽视一些只有小成绩的人。其实在这些人当中，也是有不同的层次而要加以区分的。这当中的有些人的确是只能解决一些小问题，一旦碰到稍大一些的问题，则会束手无策。但是当中有一部分人，他们做出的贡献看似比较小，然而实质上解决的大都是一些还处于萌芽状态的小问题，这些小问题一旦变成大问题，那么就会对整个公司造成不可估量的损失。

所以这些人做的看似小功劳，实际上则不小，而且这也说明了这些人具有比较长远的眼光，做事情比较讲究预防性，管理者如果能把这些人从其中用敏锐的眼光分出来并委以大任的话，那么也可创造一笔不小的财富。

第十，拘泥于小节的人一般不会有什么大成就。

有句话叫"大行不拘小节"，做任何事情，有得必有失，其实就是要看利大还是利小。想取得一定的利益，必然要舍弃一部分小利，如果一个人总是在一些小节上争争吵吵，不愿放弃的话，那也就终难成其大业，只能在一个小圈子里兜来兜去，永远也无法脱身。

一个能赚大钱的人，首先应该是个肯花小钱的人，当然，这并不是说反对俭朴的作风，这里的小钱指的是花得有意义、有作用的小钱，如果连这点眼前的小利也要贪的话，那么可真是一叶障目不见泰山了。

第十一，轻易就许诺的人一般是不可靠的，万不可信任。

除非有很大的把握，一般人对任何事是不可能轻下重诺的。因为事情的发展往往不会以人的意志为转移，各种不可预料的情况都有可能出现。所以一个负责任的人并不一定会常常许诺，相反，正是由于他的责任心，使他作了全面而系统的考虑，也就越发不会轻易许诺。这样的人虽然很少保证，但却是可靠并且负责的，不要因为没有他们的保证书而不轻易许诺。这样的人虽然很少保证，但却是可靠并且负责的，不要因为没有他们的保证书而不委以重任，只要给予充分的信任，调动他们的积极性，事情多半就会成功。

而相反，有一类人随口就答应，表现得很自信，可到头来却不能完成使命，而且这种人也常常为自己轻易打下的包票找出各种理由来推诿塞责，对于这种轻诺又寡信的人，信任他就是一个巨大的错误。

第十二，说话很少但说的话很有分量的人定能担当大任。

口若悬河、滔滔不绝的人未必就是能担大任的人，而且这种人常常并没有什么真才实能，他们只能通过口头的表演来取信于人，抬高自己。

而真正有能力的人，只讲一些必要的言语，而且一开口就常常切中问题的要害，这种人往往谨慎小心，没有草率的作风，观察问题也比较深入细致、客观全面，做出的决定也实际可靠，获得的成果也就实实在在。所谓"真人不露相，露相非真人"讲的就是这种情况。

所以，一个管理者应该注意一些常常没有声音的人，因为往往他们的声音才是最有参考价值的。切不可被一些天花乱坠的言语所迷惑，这也是一个成功的管理者所应该具有的鉴别能力。

第十一章　职场中人，认清同事

在职场中，同事是不能选择的。与各类同事相处，首先对他们的性格特征、处事方式进行一次全面的了解是非常有必要的。那么，如何了解他们的性格呢？

同事相处中的注意事项

在与单位的同事相处中，常常会出现下面的一些情况。比如：别人的见解，别人的处理方法，每个人都会拿来与自己的作一比较，一旦认为别人的水平不如自己，处理事情的能力不如自己，就会产生不服气的心理。例如某人干得很出色，获得了上司的肯定与看重，则会令他人产生嫉妒之心，尽管许多人不会意识到这是嫉妒。在一些合资公司特别是外资公司里，追求工作成绩，希望赢得上司的好感，获得升迁，以及其他种种利害冲突，使得同事间存在着一种竞争关系，而这种竞争在很大程度上掺杂了个人感情、好恶、与上司的关系等等复杂因素。表面上大家同心同德，平平安安，和和气气，内心里却可能各打各的算盘。利害关系导致同事之间也可能和衷共济，也可能各自想各自的心事，因此关系免不了紧张。

既为同事，几乎天天在一起工作，低头不见抬头见，彼此之间会有各种各样鸡毛蒜皮的事情发生。各人的性格、脾气禀性、优点和缺点也暴露得比较明显。尤其每个人行为上的缺点和性格上的弱点暴露得多了，会引出各种各样的瓜葛、冲突。这种瓜葛和冲突有些是表面的，有些是背地里的；有些是公开的，有些是隐蔽的；有些是表现于外的，有些是潜伏的。种种的不愉快交织在一起，便会引发各种矛盾。

要学会与有棱角的同事相处。一位评论家强调：平时须与有癖性的人交往以锻炼自己，使自己成为坚强的人。有癖性的人，全身上下都有棱角，刚开始与这样的人交往可能不习惯，会因与其棱角对抗而伤痕累累，但绝不可因此退却，否则便会失去锻炼自己的宝贵机会。要学会忍受，要喜爱那些有棱角的人。这样，不管遇到多么尖的棱角，也不会感到痛苦，甚至会觉得那是一种快感。这样，你便有可能成为圆满的人，有限的人生也能获得最大的愉悦。长期与有癖性的人交往，对方的棱角会融入你的体内，并渗入血液，由于体内吸收了异己的分子，则能感觉到自己变成了一个更有深度的人。在上班族的生涯中，不得不与形形色色的各种人物打交道，不要因对方是自己不喜欢的人，就厌恶他；不妨学习与这种人适当交往的办法，这样，自己也能渐渐地成长为有度量的人，而能在上班族的生涯中崭露头角。

打电话方式的性格色彩

利用电子设备进行人际关系的交流，已经是现代人不可或缺的沟通方式。由于它与面对面的沟通不同，所以我们可以从一些打电话的小习惯中归纳出人的心理。

一心二用型：与人通电话的同时还在进行一些琐碎的工作，如擦桌椅、整理文具等。这种人富有进取心，爱惜光阴，分秒必争。

悠闲舒适型：通电话时舒服地坐着或躺着，一派悠闲自得的样子。这种人生性沉稳镇定，泰山崩于前而色不改。

以笔代指型：习惯用铅笔或圆珠笔代替手指去拨号码的人，性格急躁，经常处于紧张状态，不让自己有片刻的休息。

电线绕指型：打电话时不停地玩弄电话线的人，生性豁达，玩世不恭，天塌下来当棉被盖，知足地乐天知命。

边走边谈型：通电话时从不坐定在同一地方，喜欢绕着室内踱步的人，好奇心重，喜欢新鲜事物，讨厌任何刻板的工作。

以肩代手型：习惯把听筒夹在头和肩之间的人，生性谨慎，对任何事情必先考虑周详才做出决定，极少犯错。

信手涂鸦型：边与人讲电话时，边在纸张上信笔乱画的人，具有艺术才能和气质，想象力丰富但不切实际。天性乐观的个性，使他们经常可以轻易解决一切困难。

紧抓话筒型：通电话时紧紧握住话筒的人，生性外圆内方，表面看似怯懦温驯，实则个性坚毅，一旦下定决心，绝不轻易改变。

平淡无奇型：无特殊习惯，一切动作均出于自然，这种人生性友善，富有自信心，对自己的生活操控自如，能屈能伸。

办公桌上的性格密码

办公室是员工工作的场所，内部都是与员工工作密切相关的陈设。由于每件陈设都融入了员工的喜好，所以在办公室里，每一个员工的办公桌都可以反映出这个人的性格特征。英国心理学医生斯弟恩教授在很多年前就开始研究办公环境与员工之间的关系。经过长期的实验和求证，他找出了内部陈设（如办公桌）与员工的性格之间千丝万缕的联系。

办公桌内部整洁的人，有很高的工作效率，是很出色的员工。他们严于律己，为着崇高的目标坚持不懈，特别珍惜时间，每段时间都有相应的工作，办事和工作都有条不紊。但他们适应能力较差，对于突如其来的变故常常应接不暇，手忙脚乱，有时候会乱了阵脚，发生错误。

办公桌里空空如也的人，通常是急性子，他们为了工作方便，免除工作中从办公桌里找资料的麻烦，常常把所需要的东西放在伸手可及的地方。他们通常很有事业心，一般都可以成为老板。为了工作其他的全然不顾，会把桌面弄得乱七八糟，不过有秘书小姐会帮他们收拾干净。

办公桌凌乱不堪的人，他们的办公桌里被塞得满满的，而且根本就不知道哪些文件是作废的，哪些文件是紧急的。他们温和善良，痛快直爽，办事干净利落，但做事往往没有计划，仓促应战，结果不佳；喜欢追求简单，不愿把事情规划得透不过气来，没有长远的眼光，但比一般人有较强的应变能力。

办公桌里放钞票的人，通常是对任何事情都要产生怀疑的人。他们不完全相信银行，所以不把所有的钞票都存入银行；对家庭也不放心，时刻担心被盗，但也会留一些钱用于日常生活需要；对工作地点也不放心，所以办公桌中要放一点钱。为了到哪里都有钱用，他们会在很多地方存放钞票。

办公桌里存放纪念物的人。办公桌里的物品琳琅满目，种类繁多，有儿时的玩具、情人的相片、老掉牙的首饰，甚至还有学生时代的舞会邀请函。他们不善于与外人打交道，也不愿意同外人有过多的接触，经常独来独往，但与故人联系得较为密切；靠着美好的回忆调剂生活和排遣孤独，常在夜深人静的时候独享愉悦；情感丰富，也较脆弱，很容易受到伤害。

看同事，需仔细

在现实生活中，每个人总是无时无刻不承受着来自各方面的威胁。这些威胁绝大多数是隐性的，都是你很难体察到的，而且多数来自于你的同事。许多同事对你的态度很和善，有说有笑，你甚至把他们当成了自己最亲近的人，把自己的所有情况，包括欢乐和悲伤，喜好和憎恶，都毫无保留地告诉了他们。但是，这些人往往并不会对你抱以真心。反而透彻明晰地了解你，而后洞悉你的弱点并作为打垮你的利器，从而把作为他们的潜在威胁的你清除掉，这才是他们的目的，所有的一切都是一个圈套。直到你被他们打得落花流水，地位全无，一直沉浸在畅想之中的你才会如梦初醒。

围绕在你周围的有很多人，都表现得对你非常友善，肝胆相照，并且信誓旦旦地要和你一起合作，共同创造一片新天地。而对这种情况，你也许会无所适从，因为你无法确定哪个是真的，哪个是假的。但是，如果你真正地观察体验，真假还是很容易鉴别出来的：

（1）对方在倾听你诉说的时候是报以真诚的同情和感慨呢，还是目光闪烁，有时出现若有所思的样子呢？如果是后者，那么对方很可能是一个居心叵测的人。当然，这需要你去仔细观察他的言行并注视他的眼睛。

（2）仔细地回想一下，当你有意无意地想结束自己的倾诉时，他是不是很巧妙地利用一些隐蔽性极强的问题重新打开了你的话匣子呢？而且，你随后所说的内容又恰恰是容易被别人利用的。

（3）如果你偶然得知有人总是在不经意之中向你所亲近的人打听一些有关于你的消息，那么你最好疏远他们。

（4）有些人笑容并不是很自然，而像是从脸皮上挤出来的。有时你觉得并没有丝毫可笑的地方，而对方却能够笑起来，这种人也要适当地多加小心。

（5）如果有些事你觉得实在忍不住，不吐不快，那么你要尽量找一个自己亲近的人诉说一番，比如你的父母、妻子或者孩子。这会缓解你心中的郁结，减少情绪上的大起大落。

面对同事的恭维要冷静

人的天性是喜欢听赞美和夸奖的，恭维赞美的话人人都喜欢听，就是你平时不喜欢的同事向你说好话时，你的心里也是由衷的喜悦，就会觉得他也变得不那么讨厌了。但当你受到来自别人的赞美时，不要忘乎所以、迷失方向，要小心同事不良的动机，小心他对你别有用心。

要分清赞美来自何方，欣赏者属于哪类。假如欣赏你的人是领导和资深的元老，这是非常令人高兴的。如果赞美和欣赏的话语来自平时有过节的人口中，那就要认真仔细地品味和分析了，要提高警惕性。

如果有一天某位同事对你非常信服，常常当众给你戴高帽子，声称"在我们公司里只有你可以胜任这项工作。果然不出我的所料，你把事情做得太棒了"或者说"你真有能力，无论什么事情交给你去做，里里外外的人都喜欢跟你合作，如果这件事交给别人去做，就不会有这样的好结果"。这些恭维的话不断向你飞来，这时你不要高兴得太早了，即使你确实如他所说的那样有才华，但这些话传到别人的耳朵里，却是会对你产生反感的。这时你应该仔细想想，这位同事当众夸你的目的是什么，如果他居心叵测，故意抬高你的功绩，制造你高不可攀的形象，让其他人看不顺眼，你就要对这种人小心提防。如果遇到这种情况，不妨公开说："你过奖了，这件事让你去做，同样也可能干得非常出色，我跟你比，并没有太大区别。"或者是私下里告诫他:"多谢你的夸奖,不过我不太喜欢这样,以后请不要公开说赞扬我的话。"

常常有同事喜欢捉弄别人,所以,遇到别人恭维你,千万不要认真,当面对他不加理会。这样的同事常以声势取胜,你要头脑冷静,不被夸奖冲昏头脑。

处理信件折射出来的性格特征

在现代社会中,通信设施越来越先进,方便和快捷的通信方式在很多时候使很多人忘记了还有写信这么一回事儿,写信进行沟通和交流仿佛已是20个世纪很久远的事情了。但这是针对一部分人而言的,写信的联系方式虽然在今天已经不如以前了,但在一定范围内还普遍存在着,所以对于从处理信件来观察一个人还是有必要的。另外,随着科技的发展,很多人都上了网,到网上去交流,在网上发电子邮件其实也是写信的一种方式。

一收到信就打开并在最短的时间内写好回信的人,他们的时间观念一般来说还是比较强的,希望尽快地把事情做好,然后去做其他的事情,同时也不希望对方等得太久。但也有一种情况是,他们只是在对信件的处理上表现得比较积极,因为写信的人是他比较重视的,但在其他方面则比较散漫和随便,得过且过就可以了。

接到信以后不打开信也不看就把它丢在一边不管,继续做其他的事情。这样的人,如果他不是存心不看信,就表明他的工作、学习、生活是很忙的,时间被安排得很紧。至于那些不是特别重要的信件,自然就会放在一边,等到时间充裕的时候再处理。当然,可能永远不会有处理的时间。

接到信以后,请别人代自己打开信件,这样的人对别人多是充满信任感的，否则不会让别人替自己打开信，毕竟信是属于比较私人化的东西。并且他们不擅长隐藏自我，可以将许多秘密说出来与他人共同分享。这种人自我意识比较强，人际关系不会太好。但总体来说还是比较不错，他们虽然比较以自我为中心，但还较慷慨，凭这一点可以使自己赢得他人的信任。

在接到信以后，先仔细地看完寄信人的地址以后，再打开信看信的内容。这样的人，生活态度多是比较严肃的，他们做事很有规则性，而且很彻底，要么不做，做一定要把它做得很好。

在接到信以后，进行一番选择，先把私人信件拣出来，看完以后再去处理其他的信件。这样的人多是感情比较细腻，而且特别重情谊的人。他们一般来说在性格上显得有些脆弱，需要得到别人的安慰和扶持，这也是他们对私人信件比较看重的一个非常重要的原因。

信箱总是满满的，从这一点就可以看出，其人际关系是相当不错的，有很多可以用写信的方式进行联系的朋友。这种人多属外向型，为人多比较随和亲切，能够关心人，为他人着想，所以很容易获得他人的信任和依赖，他们很满足于这种什么东西都有很多的良好感觉。

与信箱满满相对，信箱总是空空的人，性格是比较孤僻和内向的，不太容易与他人进行沟通和交流，心里有很多属于自己的隐私，但他们不会将这些说出来与他人分享。这样的人由于性格原因，注定自主意识比较强，凡事不用征求其他人的意见就有自己的主张，常我行我素。他们常走极端，不是过分坚强，就是过分脆弱。

喜欢阅读垃圾信件的人，其好奇心是比较强烈的，他们希望能够接受一切自己感兴趣的东西。基于这一点，他们对新鲜事物的接受能力特别快。因为有些东西是比较无聊的，他们在看的时候，又练就了自己的忍耐力和宽容力。

与上一种人相反，见到垃圾信件就丢掉的人，他们在为人处世方面，都是比较小心和谨慎的，有自我防卫意识，不会轻易地相信某一个人。这一类型的人多少有些愤世嫉俗，所以显得不够圆滑和世故，所以人际关系会存在着一些不如意之处。

从接受表扬的态度看人

表扬是对成绩的肯定，表示大众接受他们的行为或某种观点，是人人都期望的一种外界反应，受到表扬的人往往会得到心灵上的愉悦和满足。有的人把表扬看得特别重，甚至胜过生命和财富；也有的人把表扬看得微不足道。因此，我们可以从一个人看待表扬的态度来观察他的内心世界。

危险处境考验的是一个人的勇气，功名利禄能够检验出一个人的德行，一个人的耐性可以从琐事缠身的时候看出来……而一个人在接受表扬的时候所产生的反应，将暴露出什么信息呢？

1.一听到表扬就面红耳赤

受到表扬的时候面红耳赤，显得很腼腆。他们温顺敏感、感情脆弱，他们不仅对表扬很敏感，对批评也很敏感，更经受不起意外的打击；富有同情心，关注他人的感受，不会用言语或行动主动攻击他人。

2.一听到表扬就以为自己听错了

听到赞扬的话，他们会用一副非常惊喜的表情来表达自己的喜悦。他们憨厚淳朴，不喜欢与别人产生矛盾，经常以忍让来换取安宁；喜欢参加群体活动，交往过程中的大度和慷慨可以让他们与别人建立起良好的人际关系，他们与他人能够相处得非常融洽。

3.对表扬无动于衷

他们对表扬充耳不闻。他们在工作当中兢兢业业，不喜欢因为受到别人的注意而浪费时间和精力。他们顺其自然，不喜欢争强好胜；乐于奉献是对他们的高度评价，他们宁愿独处一室进行研究和创造，也不愿加入烦乱的集体生活当中。

4.听到表扬时也去表扬别人

听到别人的表扬，他们立刻会用相应的表扬话语回敬，让对方有被回报的感受；有自己的个性，不喜欢依附他人，对自己和生活充满了自信；在人际交往过程中，最讲究平等互利，不愿欠他人的情。和他们交往可以毫无后顾之忧，既不必担心吃亏，也不会产生占他们便宜的念头。

5.听到表扬时极力否定

经常用诙谐的话语回敬别人的表扬，有时否定对自己的表扬。他们极其强调私人空间，不愿受到他人的干扰，将精力和时间用于维护自己的独立空间；幽默含蓄，但又略显放荡不羁，其实这是他们故意封闭自己的一种手段，他们通常不会和别人建立起深厚的情谊。

6.乐于接受各种表扬

乐于接受表扬，并且会在接受别人表扬的时候用适当的好话称颂对方。他们心地单纯，胸怀坦荡，助人为乐，经常设身处地为他人着想，能够对别人的优点给予肯定，别人非常愿意和他们相处；慷慨大方，能够给予朋友及时有效的援助，和他们共渡难关。

7.从来不把表扬放在心上

别人的表扬从不被他们放在心上，他们根本没有心情为表扬浪费过多的时间，所以总是找其他的话语来改变话题。他们反应灵活、机智聪明而且才华横溢，富有眼光，既现实又干练。自信和狂放不羁是他们最明显的性格特征，他们对名利不过度追求，容易成就伟大的事业。

8.听到表扬时非常平和

对别人的表扬既不会沾沾自喜,也不会漠视不理,总是恰到好处地表达出由衷的感谢。他们稳重踏实,讲究实效,富有进取心,善于韬光养晦,经常出其不意地给人以惊喜;有着独立的行事原则,能够按照预定的目标坚持不懈地努力,不受外界环境影响,更不会招摇过市、不可一世。